KB269292

오파린이 들려주는 생명의 기원 이야기

오파린이 들려주는 생명의 기원 이야기

초판 1쇄 발행일 | 2011년 2월 28일
초판 10쇄 발행일 | 2021년 5월 31일

지은이 | 차희영
펴낸이 | 정은영
펴낸곳 | (주)자음과모음

출판등록 | 2001년 11월 28일 제2001-000259호
주   소 | 04047 서울시 마포구 양화로6길 49
전   화 | 편집부 (02)324-2347, 경영지원부 (02)325-6047
팩   스 | 편집부 (02)324-2348, 경영지원부 (02)2648-1311
e-mail | jamoteen@jamobook.com

ISBN 978-89-544-2217-8 (44400)

• 잘못된 책은 교환해드립니다.

오파린이 들려주는

생명의 기원 이야기

| 차희영 지음 |

|주|자음과모음

인간이라면 누구나 궁금해하는
'생명의 기원'에 관한 이야기

'생명은 언제 어디서 어떻게 시작되었을까?'란 질문은 인간이라면 누구나 자연스럽게 가지게 되는 가장 본질적인 의문임에도 불구하고 아직 현대 과학이 명백한 증거를 확보하지 못하고 있는 어려운 과제 중 하나입니다. 하지만 많은 과학자들이 폭발적으로 팽창해 가는 현대 과학 지식을 기반으로 많은 가설들을 제안함으로써 하나 둘 실마리를 찾고 있습니다. 그러므로 머지않아 생명의 기원에 대한 질문은 과학적인 해결의 국면을 맞이할 것으로 기대하고 있습니다.

이 책은 '생명이란 무엇인가?'에 대한 과학적인 정의부터 시작하여 과학계에서 보편적으로 받아들이고 있는 가설들을 소개하고 있습니다. 또한, 그 가설들이 안고 있는 설명적인 한계까지도 다루었습니다.

　이 책에서 다루는 생명의 기원 이야기는 원시 지구에 존재했던 유기물에서 출발하여 세포의 형태가 갖추어진 진핵 세포로의 진화 과정, 즉 생명체가 존재하는 유일한 행성인 지구가 형성된 이후부터 생명 탄생에 대한 설명들을 내용으로 하였습니다.

　내용 전개는 생명의 다양성과 통일성을 설명하는 생물학의 통합적 관점인 진화론에 기반하고 있으며, 일부 종교적인 입장에서도 생명의 기원을 설명하였습니다.

　이 책을 통해서 현재까지 밝혀진 '생명의 기원'에 대한 과학적 설명을 이해한다면, 여러분들은 생명이 어떻게 시작되었는지에 대한 원초적인 궁금증을 해소할 수 있을 것입니다.

　그러나 제가 여러분에게 진정으로 원하는 바는 '생명의 기원'에 대하여 과학자들이 현재까지 찾아낸 증거들은 미완성된 조각 그림 맞추기와 같음을 깨닫는 것입니다. 여러분이 미래에 나머지 조각들을 찾아낼 수 있는 영향력 있는 과학자로서의 역할을 해 주길 바랍니다.

차 희 영

생명이란 무엇인가?

살아 있다는 것은 무엇일까요?
생명의 정의에 대하여 알아봅시다.

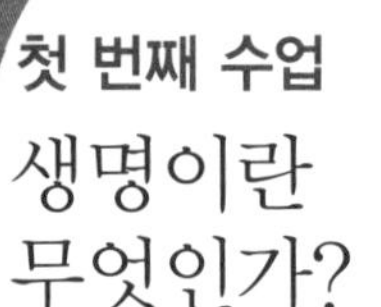

첫 번째 수업

생명이란
무엇인가?

오파린이 웃는 얼굴로 자신을 소개하며
첫 번째 수업을 시작했다.

여러분 안녕하세요? 나는 러시아에서 태어난 알렉산드로 오파린(Aleksandr Oparin, 1894~1980)이에요. 알렉산드로는 이름이고, 오파린은 성이지요. 한국에는 '오'라는 성이 있다지요? 그래서 하는 얘긴데, 나를 성은 '오'이고, 이름은 '파린'이라고 생각하면 곤란하답니다.

사람들은 모기나 파리는 싫어해도 프랑스의 파린, 오~ 좋아하지요. 내가 바로 오~파린이에요. 하하, 내 성을 가지고 농담 좀 해 봤어요.

나는 1936년에 《지구 상의 생명의 기원》이라는 책을 출간

하면서 사람들의 관심을 받기 시작했답니다. 그것은 내가 생명의 기원에 대해 연구한 지 19년 만이었죠.

나의 가설을 근거로 해서 밀러(Stanley Miller, 1930~2007)가 원시 대기 상태를 가정하여 단백질의 기본 단위인 아미노산을 생성하는 저분자 유기물 생성 실험을 했어요. 그리고 그 뒤를 이어 폭스(Sidney Fox, 1912~1998)는 아미노산들이 축합 반응(2개 이상의 분자가 반응할 때 물과 같은 간단한 분자가 제거되면서 새로운 화합물이 만들어지는 반응)을 통해 단백질을 만들어 내는 고분자 유기물 생성 실험을 했지요.

어려운 말이 많이 나와 조금 놀랐죠? 하지만 수업을 계속 듣다 보면 이해가 갈 거예요. 밀러와 폭스의 실험에 대해서는 차차 설명하기로 하겠어요.

생명이란?

생명의 기원에 대해 이야기하기 전에 먼저 생명이란 무엇인지에 대해 알아봅시다. 여러분은 생명이 무엇이라고 생각하나요?

이때 한 학생이 손을 들고 발표하였다.

— 생명은 살아 있는 거예요.

생명이 있다는 말은 살아 있다는 말과 같은 의미니까 생명의 정의라고 말할 수가 없네요. 또 다른 사람이 의견을 말해 보세요.

— 생명은 음식이나 양분을 섭취하여 움직이거나 움직이지 않더라도 성장하는 것입니다.

양분을 섭취하여 움직이는 것이 생명이라고 한다면, 휘발유를 넣어 주면 움직이는 자동차도 생명일까요? 그리고 고드름이나 석회 동굴의 종유석, 석순과 같이 자라는 것들도 생물이라고 말할 수 있을까요?

— …….

— 생물은 생각할 수 있어요.

생각이라……. 자동차나 고드름은 생각을 못하니까 생명이 아니라고 생각했나 보군요. 그런데 어쩌죠? 감자나 오이, 호박들도 분명히 생물인데 이것들은 생각을 하지 못하잖아요.

발표를 했던 학생이 자신의 생각이 짧았다는 듯이 쑥스러워하며 앉았다.

__ 생물은 진화합니다.

학생들은 정답이 나왔다는 듯이 고개를 끄덕이며 오파린을 쳐다보았다.

아, 그래요. 그게 있었군요. 그런데 컴퓨터 모델은 286,

386, 486 그리고 펜티엄급으로 계속해서 발전해 왔어요. 컴퓨터뿐만이 아니죠. 휴대 전화나 자동차 등도 시간이 지남에 따라 항상 새로운 모델로 발전해 나갑니다. 이것도 역시 진화라고 할 수 있지요.

오파린의 설명을 들은 학생들은 생명의 정의가 쉽지 않다는 것을 깨닫고 고개를 갸웃거리며 서로의 눈치만 보고 있다. 이때 한 학생이 자신 있게 손을 들고 말했다.

__ 생명은 자기를 닮은 후손을 남기는 것입니다.

참 좋은 의견이에요! 그런데 학생들은 '노새'라는 동물을 알고 있나요?

__ 네, 암말과 수탕나귀 사이에서 태어난 동물이지요.

잘 알고 있군요. 그런데 노새는 새끼를 낳을 수 없는데 그렇다면 노새는 생명이 없는 걸까요?

__ …….

몇몇 친구들의 이야기를 들어봤는데 생명을 정의하기가 쉽지 않지요? 이와 같이 생명이 무엇인지를 한마디로 정의하기는 참 어렵습니다.

생명은 살아 있는 생물과 살아 있지 않은 무생물을 구별하

는 기준이에요. 먼저 생명이 있는 생물들은 어떤 특징이 있을까요?

살아 있는 생물의 특징이 무엇이냐고 물으면 많은 학생들은 살아 있는 것은 움직이는 것이라고 대답을 한답니다. 물론 맞는 말입니다. 하지만 대부분의 식물이나 산호, 말미잘 등 마음대로 움직일 수 없는 동물들 또한 생물이지요. 그리고 '숨을 쉰다', '먹는다', '배설한다', '자극에 반응한다', '환경에 적응한다', '자란다', '자손을 남긴다' 등과 같은 특징도 말한답니다.

이 모든 것들이 생명이 있는 생물의 특징이 되기는 하지만 모든 생명체의 특징을 완벽하게 설명해 주지는 못하죠. 유아들은 움직이는 해를 살아 있다고 생각해서 해가 밤에는 잠을 자러 간다고 말하기도 합니다. 그렇다면 과학에서는 생명을 어떻게 정의할까요?

생명에 대한 과학적 정의

과학적으로 생명은 생리적 정의, 유전적 정의, 생화학적 정의, 열역학적 정의 등으로 다양하게 접근할 수 있지요.

우선 생명에 대한 생리적 정의는 이렇습니다. 생명이 가지고 있는 특징적 활동이라고 할 수 있는 생리 작용, 즉 혈액의 순환, 호흡, 소화, 배설, 생식과 같은 특징을 지닌 대상을 생명체라고 정의합니다. 생리적 정의를 내리는 사람들은 생명의 가장 본질적인 특징이 물질 대사라고 생각합니다.

물질 대사란, 생물이 자신에게 필요한 물질을 흡수하여 합성하거나 분해하면서 생명 활동을 하는 데 필요한 에너지를 얻는 과정과 이 과정에서 나오는 부산물이나 노폐물을 배출하는 모든 과정을 말합니다. 생리적 정의에서는 이러한 대사 작용을 하는 개체를 생명체라고 정의하죠.

하지만 이 정의 역시 식물의 종자나 박테리아의 포자 등과 같이 오랫동안 대사 작용이 없이도 존재하는 생명체에 대해

서는 설명하지 못합니다.

여러분은 부모님 중에서 누구를 많이 닮았나요? 엄마를 많이 닮았다거나 아빠를 많이 닮았다는 이야기를 들어보았을 것입니다. 또는 눈은 엄마를 닮았고, 코는 아빠를 닮았다는 등의 이야기를 들었을 것입니다. 유전적 정의는 바로 자신을 꼭 닮은 또 다른 생명체를 만들어 내는 생식 작용을 생명이라고 정의하는 것입니다.

하지만 꿀벌 중에서 수벌은 생식 작용이 가능하지만 일벌은 생식 능력이 없습니다. 또 암말과 수탕나귀 사이에서 태어난 교배종인 노새와 같은 동물도 태어날 때부터 생식 능력이 없기 때문에 이 또한 생명의 정의로는 완벽하지 않지요.

교배종

교배종이란 서로 다른 종 간의 교배로 태어난 동물이나 식물을 말한다. 노새는 암말과 수탕나귀 사이에서 태어난 교배종으로, 태어날 때부터 생식 능력이 없어서 새끼를 낳지 못한다. 몸은 말을 닮았고 꼬리와 울음소리는 나귀를 닮았는데, 건강하고 사육 관리가 쉬워 오래전부터 사람들에게 농사일과 짐을 운반하는 수단으로 이용되어 왔다. 잘 알려진 교배종으로는 수사자와 암호랑이를 교배시킨 '라이거'가 있는데, 역시 생식 능력이 없다.

이런 특징들을 보완하기 위해 등장한 것이 생화학적 정의입니다. 여러분, DNA라고 들어봤지요? DNA는 생물의 유전 정보를 담고 있는 중요한 물질입니다.

생명을 생화학적으로 정의하면 유전 정보를 저장하고 있는 DNA와 생물체 내에서 화학적 반응을 조절하는 효소 분자들을 기능적으로 함유하고 있는 개체라고 말할 수 있습니다. 하지만 이 정의 역시, 핵산 분자를 가지고 있지 않으면서 숙주(자신의 몸에 기생하는 생물에게 영양을 공급하는 생물)의 핵산 분자를 활용하여 번식하는 스크래피 같은 세균들이 생명인지의 여부를 정확히 판단하는 근거가 될 수 없지요.

마지막으로 열역학적 정의에 대해서 알아봅시다. 열역학적

으로는 생명을 자유 에너지의 출입이 가능한 하나의 열린 체계로 보고 특정한 물리적 조건의 형성에 의하여 낮은 엔트로피, 즉 높은 질서를 지속적으로 유지해 나가는 특성을 지닌 존재로 정의하고 있어요.

여러분이 이해하기 쉽게 비유를 한번 들어 볼게요. 씻지도 않고 한 달 정도를 지낸 사람은 어떨까요? 몸에서는 냄새가 나고 얼굴과 머리는 지저분해서 쳐다보기도 싫을 거예요. 하지만 실제로 대부분의 사람들은 몸을 씻고 가꾸어서 깨끗하게 청결을 유지하지요.

이와 같이 높은 질서를 유지하는 것을 엔트로피가 낮은 상태라고 하고, 정리가 안 된 것을 엔트로피가 높은 상태라고 합니다. 생명체가 자신을 관리하여 높은 질서, 즉 엔트로피가 낮은 상태를 유지한다는 것이 생명에 대한 열역학적 정의입니다.

그렇다면 이 정의는 생명을 정확하게 정의하고 있을까요? 안타깝게도 이 정의 역시 생명을 정확하게 설명하지는 못합니다. 왜냐하면 이 정의는 대상이 어떠한 소재로 이루어졌는지에 관계없이 높은 질서를 유지하는 기능만 수행할 수 있으면 생명이라고 할 수 있기 때문이지요. 예를 들어, 로봇 청소기가 집안을 깨끗이 청소한다고 해서 청소기에 생명이 있다고 할 수는 없으니까요.

　이제까지 생명에 대한 여러 가지 과학적 정의를 알아봤어요. 하지만 어떤 정의도 생명에 대해서 완벽하게 정의할 수는 없군요. 이것은 어쩌면 당연한 일인지도 모르겠어요. 생명이 어떻게 시작되었는지는 눈부시게 발달한 현대 과학에서조차 아직까지 완벽하게 알아내지 못하고 있으니까 말이에요.

　그렇기 때문에 생물학은 우리에게 아직도 계속해서 탐구할 가치가 있는 소중하고 신비한 분야지요. 그런 의미에서 여러분을 생명체로 낳아 주신 부모님께 감사한 마음을 가져야 할 뿐만 아니라 소중한 자신을 위해서 공부도, 운동도 열심히 하길 바랍니다.

　자! 오늘 수업은 이만 마치고, 다음 시간에는 생명이 어떻게 시작이 되었는지에 관한 여러 학자들의 설명을 들어보기로 해요.

스크래피 세균에 감염된 양

각종 인공 지능 로봇들

2

생명의 기원에 관한 여러 가지 가설

생명이 어떻게 탄생하게 되었는지에 관한 대표적인 몇 가지 가설들을 확인해 보고,
과학과 종교 사이의 입장 차이에 대해서도 생각해 봅시다.

2

생명의 기원에 관한
여러 가지 가설

오파린은 보티첼리의 그림
'비너스의 탄생' 을 보여 주면서
두 번째 수업을 시작했다.

오파린은 한 손에 커다란 액자를 들고 교실로 들어왔다. 오파린은
액자를 벽에 걸고, 턱에 손을 괸 채로 감탄사를 연발하며 액자 속의
그림을 쳐다보았다. 한참 후에 오파린은 흐뭇한 표정으로 수업을
시작했다.

여러분은 이 그림을 본 적이 있나요? 그림의 한가운데에
있는 거대한 조개에서 갓 탄생한 아름다운 여인이 비너스입
니다. 그리스 신화에 의하면 아름다움의 여신 비너스는 바다
의 거품에서 태어났다고 해요.

보티첼리의 그림 '비너스의 탄생'

그러니까 바다의 거품이 비너스를 만들었다는 것이지요. 자, 그렇다면 우리는 어떻게 태어났는지 생각해 봅시다.

생물속생설(Biogenesis)

아기는 엄마와 아빠의 사랑으로 잉태하여 엄마의 뱃속에서 자란 후 태어납니다. 강아지와 고양이 같은 동물들도 마찬가지고요.

나비처럼 작은 생물들은 어떻게 태어날까요? 나비들도 엄마 나비가 알을 낳고, 알에서 애벌레, 번데기 과정을 거쳐서

작고 어여쁜 나비가 된답니다. 귀찮고 지저분한 곤충인 파리도 나비와 마찬가지로 엄마 파리가 낳은 알에서부터 탈바꿈(변태) 과정을 거쳐 성충이 되지요.

저 창밖에 보이는 알록달록한 꽃들과 푸르른 나무들처럼 스스로 움직이지 못하는 식물들은 어떻게 태어났을까요? 땅속에 씨앗을 심고 물을 주면 일정한 시간이 지난 뒤에 땅 위로 싹이 트고 햇빛을 받아 점점 자라게 됩니다. 장미 씨앗을 심으면 장미가, 코스모스 씨앗을 심으면 코스모스가 자라나게 되지요.

그렇다면 씨앗들은 어디에서 온 것일까요? 그래요, 그 씨앗들은 어버이 식물로부터 생겨나서 결국 어버이 식물과 같

은 종의 식물로 자라나게 되는 것입니다.

자, 이제 여러분이 맨눈으로는 관찰할 수 없는 더 작은 생물들의 탄생을 생각해 볼까요? 아주 작아서 잘 볼 수는 없지만, 우리의 일상생활 곳곳에서 작은 생물들이 발견되고 있습니다. 음식의 발효에 사용되는 젖산균과 같이 우리 몸에 이로운 세균들도 있고, 우리를 아프게 하는 결핵균, 폐렴균, 대장균과 같은 병원균들도 있는데, 이러한 작은 생물들을 '미생물' 이라고 부릅니다.

얼마 전 여름철에 많이 먹는 아이스크림에 기준치를 초과하는 많은 수의 대장균이 발견되었다는 뉴스를 들었어요. 이 대장균들은 어디에서 왔을까요?

조금도 어렵게 생각할 필요가 없어요. 이 미생물들도 강아지, 고양이, 나비, 코스모스와 같은 생물이에요. 다만 그 크기가 많이 작을 뿐이지요. 미생물들에게도 어버이 미생물이 존재하고, 그 어버이 미생물이 살아갈 환경 조건이 잘 맞으면 자식 미생물을 많이 만들어 내지요.

자, 그러면 생물은 어디에서 나왔는지 정리해 볼까요? 어떤 학자들은 크기가 크든지 작든지, 움직이든지 움직이지 않든지, 우리가 좋아하든지 싫어하든지, 그 어떤 조건에도 상관없이 지구 상에 살아 있는 모든 생물들은 어버이 생물로부터 생겨난다고 주장하지요. 이러한 생각을 생물학자들은 생물속생설이라고 한답니다.

아니, 뭐 그렇게 당연한 이야기를 이렇게 길게 하고, 또 '생물속생설'이라는 어려운 말까지 붙여서 부르냐고요? 지금으로서는 이렇게 당연한 설명들이 과거에는 당연하지 않은 이야기들이었거든요. 좀 우습게 들릴지 모르겠지만 많은 사람들은 오랫동안 '생물은 무생물에서 우연히 생긴다'라고 생각했었어요. 이런 설명을 생물속생설과는 구분을 해서 자연발생설이라고 한답니다.

자연발생설(Abiogenesis)

가장 먼저 생명의 기원에 대해서 언급을 했던 사람은 아마 그리스 최초의 철학자인 탈레스(Thales, BC 624?~BC 546?)일 거예요. 탈레스는 바다의 거품에서 태어난 비너스처럼 '모든 사물은 물에서 생겼다'라고 주장했어요.

그리스의 또 다른 철학자이자 과학자였던 아리스토텔레스(Aristoteles, BC 384~BC 322)는 '생명체는 물질의 4가지 기본 원소인 공기, 물, 불, 흙에 물질이 아닌 생기(혼)가 들어가

서 만들어지는 것이다'라고 했지요. 그는 늪의 물과 진흙이 말라 바닥이 완전히 드러났다가 비가 와서 다시 물이 고이면 거기서 뱀장어가 나타나는데, 이 뱀장어는 진흙에서 저절로 생기는 지렁이가 변한 것이라고 했어요.

그뿐만 아니라 이는 살에서 생기고, 구더기는 음식에서 저절로 생긴다는 주장을 했지요. 그 이후 많은 사람들도 아침 이슬에서 개똥벌레가 생기고, 축축한 진흙에서는 뱀이나 두꺼비, 쥐가 생긴다고 생각했어요.

옛날 사람들은 너무나 오래전에 살았기 때문에 지식이 부족해서 그런 말도 안 되는 생각을 했을 것이라고요? 그렇다

면 지금이 21세기이니까 겨우 4세기 전인 17세기에는 좀 달랐을까요? 벨기에 의사였던 헬몬트(Jan van Helmont, 1579~1644)는 땀에 젖은 더러운 셔츠에 기름과 우유를 적셔서 밀낟알과 함께 담아 지하실과 같이 어두운 곳에 두면 생명의 기를 받아서 저절로 쥐가 생긴다는 실험 결과를 발표했어요.

영국의 유명한 작가인 셰익스피어도 자신의 글 《안토니와 클레오파트라》에서 "이집트 뱀은 태양의 작용으로 진흙에서 생겨나고, 악어도 마찬가지 아니오?"라고 쓴 것으로 보아 그도 자연발생설을 믿고 있었던 것 같아요. 그리고 놀랍게도 유명한 물리학자인 뉴턴(Isaac Newton, 1643~1727)도 자연발생설을 지지했다고 알려져 있어요.

과학자의 비밀노트

생물속생설(Biogenesis)과 자연발생설(Abiogenesis)
자연발생설과 생물속생설을 영어로 표현하면 앞에 'a'가 있느냐 없느냐의 차이만 있는데, 여기서 'a'는 접두어로 쓰여 부정의 의미이다. 즉 자연발생설과 생물속생설은 서로 반대되는 개념이라는 뜻이다. Bio는 생물, Genesis는 창조 또는 생성이라는 뜻으로, 두 글자를 합친 biogenesis는 생물이 생물을 창조한다는 뜻이 되어 생물속생설의 의미이고, 여기에 부정의 접두어인 a를 앞에 붙인 abiogenesis는 자연발생설이란 의미이다.

여러분도 포도, 바나나와 같은 과일이나 과일 껍질을 따뜻한 곳에 놓아두면 어느새 과일 근처에 초파리가 날아다니는 모습을 본 적이 있을 거예요. 정말 갑자기 어디에선가 '뿅' 하고 나타난 듯한 모습을 보고 있으면 초파리가 과일에서 저절로 생긴 것이 아닌가 라는 생각이 들기도 한다니까요.

창조설(Creationism)

여러분, 내가 재미있는 러시아의 건국신화를 들려줄게요. 잘 들어보세요. 옛날에 신이 하늘에서 내려와 진흙으로 인간을 만들었어요. 그런데 깜박하고 영혼을 하늘에 두고 와서 인간에게 생명을 줄 수가 없었대요.

그래서 영혼을 가지러 하늘에 다녀오려고 하는데, 영혼이 없는 인간을 땅에 홀로 두고 가는 것이 왠지 불안했었나 봐요. 어떻게 할까 생각하다가 개에게 인간을 안전하게 지키라고 명령을 내린 후에 인간 옆에 두고 하늘에 올라갔대요. 개는 신의 명령을 받아 비가 오나 눈이 오나 인간을 지켰죠.

그러던 어느 날 악마가 신의 계획을 방해하기 위해 지독한 추위로 개를 괴롭혀서 지치게 한 후에 다시 따뜻하게 해 줌으로써 개를 꾀었어요. 이 꼬임에 넘어간 개가 한눈을 파는 동안 악마는 인간의 몸에 자신의 침을 섞어 버린 거예요. 신이 돌아와 이 사실을 알았을 때는 이미 늦어서 침과 흙으로 만들어진 인간의 몸을 분리할 수가 없었죠.

신은 어쩔 수 없이 악마의 침이 들어가 있는 흙으로 만들어진 인간에게 영혼을 불어넣었어요. 그래서 지금까지도 사람의 속마음이 깨끗하지 못한 이유는 악마의 침이 섞여 있기 때문이라고 해요. 또, 신은 인간의 몸을 지키지 못한 개에게 벌을 내려 평생 인간의 뒤만 졸졸 따라다니게 했다고 전해지고 있어요.

인간의 창조에 대해서는 위의 이야기와 비슷한 신화가 많은 나라에서 전해지고 있어요. 사람들은 옛날부터 어떤 초월적인 힘에 의해서 인간이 만들어졌을 것이라는 생각을 가지

고 있었어요.

이러한 생각을 창조설이라고 하는데, 대표적인 것으로는 기독교의 천지창조설이 있어요. 신이 6일 동안 하늘과 빛, 바다와 땅, 풀과 나무를 비롯하여 모든 생물과 인간, 즉 천지 만물을 창조했다는 것이지요.

창조설은 생명의 기원에 관한 종교적인 입장이에요. 사실 종교라는 것은 어떤 초인간적이고 초자연적인 대상의 존재를 믿고, 그의 능력을 절대시하는 것이잖아요. 과학은 관찰이나 실험에 의해 증명되고 검증 가능한 것들이 대상이 되는 반면, 종교는 눈에 보이지 않는 대상인 신을 통해 형성된 교리를 의심 없이 믿고 받아들이는 것이지요. 사실상 종교와 과학은 다른 것인데, 모두 인간에게는 필요하고도 중요한 것이므로 서로 대립하고 다툴 필요가 없어요.

예를 들면, 미술과 과학의 다툼을 한번 상상해 보세요. 입체파 화가인 피카소의 작품 속에는 사람의 측면과 정면의 모습이 동시에 나타나고 있어서 현실적이지 않아요. 하지만 이것은 예술적으로 바라보면 문제의 소지가 없는 표현 방법이랍니다. 그런데 과학계에서 피카소의 그림이 논리적이지 않다고 비난한다면 어이없지 않겠어요? 엄연히 과학과 미술은 그 분야가 다르기 때문에 서로가 자신의 잣대로만 다른 분야

피카소의 〈인형을 든 마야〉

의 옳고 그름을 판단할 수가 없는 것이죠.

종교와 과학도 마찬가지라서 생명의 기원에 대한 입장을 두고 한쪽의 입장을 정당화하기 위해서 다른 한쪽을 부정하고 공격할 필요가 없는 문제예요. 그런데 실제로는 생명의 기원에 관한 종교적인 견해가 자연발생설과 생물속생설에 관한 믿음과 논쟁들에 영향을 줬어요.

기독교적인 시각에서 보았을 때, 모든 생물은 태초에 신이 현재와 같은 형태로 창조하였고, 이들의 자손이 현재까지 이어지고 있다고 할 수 있죠. 이러한 시각에 영향을 받은 과거의 과학자들은 생물은 어버이 생물로부터 나온다는 생물속

생설을 강력하게 지지했어요. 그래서 생물 분류학의 기틀을 다진 과학자 린네(Carl von Linné, 1707~1778)는 신이 만들어 낸 생물들을 체계적으로 정리하여 분류하는 것이 신의 업적을 확인하는 작업이라 생각한 것이죠.

그런데 한편으로는 기독교적인 입장에서 자연발생설을 부분적으로 허용하기도 했어요. 사람들에게 해롭기만 하다고 생각하는 각종 기생충이나 모기 같은 것들까지 대홍수 전에 노아의 방주에 한 쌍씩 태우지는 않았을 것이라고 판단한 것이죠. 그래서 그러한 작은 생물들은 자연에서 우연히 발생한다고 믿었어요.

종교적인 입장에서 생물의 기원에 대해 생각해 보면 일부는 생물속생설이 맞고, 또 일부는 자연발생설이 맞는 또 다른 형태의 가설이 만들어질 수도 있겠네요.

천체비래설(Cosmozoa Theory)

옛날부터 사람들은 하늘을 경외해 왔고, 많은 호기심에 대한 해답을 하늘에서 찾을 수 있다고 생각했어요. 그래서 절대적 존재인 신을 '하느님'이라고 부르기도 했는데, 하느님은 '하늘'과 '님'이 결합하여 이루어진 말이에요. 또 하늘의 별을 보며 운명을 점치는 점성술이 발달하기도 했어요. 현대인들도 역시 하늘에 대해 궁금해하고 그곳에서 해답을 찾으려고 하는 경우가 많은 것 같아요.

여러분도 알다시피 저 하늘 위로 쭉쭉 올라가면 지구의 대기권을 벗어나게 되고, 그곳에는 우주라고 하는 넓은 미지의 세계가 펼쳐져요. 드넓은 우주에서 우리가 살고 있는 지구가 차지하고 있는 정도는 지구 전체에서 한 알의 모래알보다도 작은 정도예요.

그래서 사람들은 그렇게 넓은 우주에서 그토록 작은 공간인 지구에만 생명체가 살아가고 있다면 너무나 심한 공간 낭비라고 생각했어요. 즉, 지구 이외에 다른 행성에도 생명체가 살고 있을 것이라는 추측을 한 것이죠. 여기에서 힌트를 얻어 지구 최초의 생명체는 우주의 어디에선가 존재하고 있던 생명체가 운석이나 외계인에 의해서 지구로 왔을 것이라고 주장하는 사람들이 있어요.

이러한 설명을 '우주에서 생명체가 왔다'라는 의미에서 천체비래설이라고 하거나 '우주에 있는 미생물의 씨앗인 포자가 지구에 뿌려졌다'라는 의미에서 '포자범재설'이라고 부르기도 합니다. 즉, 천체비래설은 다른 천체에 존재하는 생명체

가 운석에 실려서 지구 생명체의 기원이 되었다는 것이죠.

이 가설은 지구로 떨어진 운석에서 생명체를 구성하는 유기물 분자가 발견되고, 이 생명체의 씨앗인 포자를 지구에서 우주로 방출하여 포자의 생존력을 확인한 실험을 통해서 상당한 설득력을 갖게 되었어요. 그러나 이 가설은 생명의 기원에 대한 해답을 지구에서 우주로 공간을 옮겼을 뿐 생명체가 어떻게 만들어졌나에 대한 궁극적인 해답이 될 수는 없답니다.

나는 생명의 기원에 대해서 많은 생각을 하면서 내가 알고

있는 모든 생화학적 지식을 총동원하고 오래 고민한 끝에 아주 멋진 가설을 하나 만들었어요. 내가 만들어 낸 이 가설이 얼마나 뿌듯했던지 급기야는 1936년에 《지구 상의 생명의 기원》이라는 제목의 책을 펴냈답니다.

다른 과학자들도 이 가설에 흥미를 보였고, 이 가설을 검증하기 위한 많은 실험을 시도해 왔어요. 그 덕분에 내가 많은 생물학자를 대표해서 지금 여러분에게 이렇게 생명의 기원에 관한 수업을 하고 있는 것이지요.

자, 그럼 본격적으로 나의 이론을 설명하기 전에 자연발생설과 생물속생설에 관한 실험을 증거로 엎치락뒤치락하는 논쟁들을 다음 시간에 소개하겠습니다. 아주 흥미로운 시간이 될 겁니다. 기대하세요!

선생님, 최초의 생명은 어떻게 만들어졌을까요?
글쎄요, 나도 신이 아니니 알 수가 없네요. 하지만 생명의 기원에 관한 가설은 여러 가지가 있어요.

생명의 기원에 관한 가설은 크게 생물속생설, 자연발생설, 창조설과 천체비래설 등이 있어요.
와~, 그렇게 많아요?
생물속생설
자연발생설
창조설
천체비래설
…

어떤 생물이든 살아 있는 생물은 어버이 생물로부터 생겨난다는 설이 생물속생설이에요.
당연한 거 아닌가요? 저도 부모님이 있고 옆집 강아지나 나무도 다 그렇잖아요.

현재는 당연한 이야기지만, 과거엔 부패한 고기 속에서 구더기가 생기거나 습한 땅에서 개구리가 나타나는 것을 보고 생명이 우연히 생긴다고 생각했어요. 이런 생각을 자연발생설이라고 하죠.
모든 생물은 물에서 생겼다.
생명체는 물질의 4개 기본 원소에 혼이 들어가 만들어진다.
자연발생설을 주장한 학자들
탈레스
아리스토텔레스

그럼 창조설은 어떤 것인가요?
어떤 초월적인 힘에 의해 생명이 만들어졌고, 그 자손들이 지금까지 이어지고 있다는 주장이에요. 즉, 생명의 기원에 관한 종교적인 입장인 것이죠.
우리 인간은 하느님이 진흙으로 빚은 후에 영혼을 불어넣어 만드셨습니다.

마지막으로 천체비래설은 우주에 있던 생명체가 운석이나 외계인에 의해서 지구로 왔을 것이라는 주장으로, 포자범재설이라고도 부르지요.
생명체

3

자연발생설과 생물속생설

자연발생설과 생물속생설을 지지하는 실험의 역사를 통해
과학 지식이 변할 수 있다는 것을 알아봅시다.

자연발생설과
생물속생설

교.	초등 과학 5-1	4. 작은 생물의 세계
과.	중등 과학 1	4. 생물의 구성과 다양성
연.	고등 과학 1	3. 생명의 진화
계.		

오파린이 바나나를 한 송이 들고
세 번째 수업을 시작했다.

생명의 기원에 대한 당연한 생각 – 자연발생설

여러분은 바나나를 좋아하나요? 내가 태어난 러시아에서는 바나나가 매우 귀한 과일이에요. 나는 처음으로 바나나를 맛보았을 때의 기억을 지금도 잊지 못한답니다. 내가 이처럼 바나나를 좋아하는 것을 알고 있는 친구가 이번에 바나나 한 송이를 선물했어요.

그런데 기쁜 것도 잠시, 골치 아픈 일이 생겼어요. 바나나는 열대 과일이라서 냉장고에 보관하면 안 된다고 하더라고

요. 그래서 그냥 부엌에 놓아두었더니 어느 사이에 바나나 주변에 초파리들이 날아다니더라고요. 컵에 달라붙고 그릇에 달라붙고 해서 부엌은 온통 초파리 천지가 되고 말았지요. 이 초파리는 도대체 어디서 생긴 것일까요?

아마도 지난 시간에 만났던 아리스토텔레스나 셰익스피어, 뉴턴같이 '자연발생설'을 믿는 사람들이라면 이 초파리가 자연에서 저절로 '뿅~'하고 나타난 것이라고 설명했겠죠. 하지만 지난 시간에 '모든 생물은 어버이 생물로부터 생긴다'라는 '생물속생설'을 배운 우리는 초파리는 엄마 초파리로부터 생겼다는 것을 알고 있어요. 그래도 왠지 엄마 초파리가 알을 낳고, 그 알에서 새끼 초파리가 생기는 장면을 우리가 직접 관찰한 것이 아니라서 조금 의심스럽기는 하죠?

옛날 사람들은 더 그랬어요. 음식물 찌꺼기가 있는 곳에는 어김없이 갑자기 파리가 나타나고, 비가 오면 땅에 갑자기 지렁이가 많이 기어 다니고, 아이들의 머리에는 어느 날 갑자기 이가 생기니까 말이죠.

심지어 이런 생각을 지지하는 실험도 행해졌어요. 지난 수업에서 이야기했던 벨기에의 의사 헬몬트의 실험 기억나나요? 의학자이자 화학자이며, 연금술사였던 헬몬트는 땀으로 더러워진 셔츠에 기름과 우유를 적셔서 밀 낱알과 함께 지하

실과 같이 어두운 곳에 방치했더니 어느 날 쥐가 저절로 생겨났다는 실험 결과를 발표하면서 자연발생론자들에게 힘을 실어 주었답니다.

만약에 지금 헬몬트와 같은 실험을 하는 사람이 있다면 사람들에게 비웃음을 샀을 거예요. 하지만 그 당시 헬몬트는 인지도가 매우 높은 의사였기 때문에 그의 실험은 자연발생론자들에게 용기를 가져다 준 계기가 되었답니다. 심지어 헬몬트의 실험 이후에는 개구리나 토끼를 자연발생시키는 실험까지 행해졌다고 하니 그 당시 사람들의 자연발생설에 대한 확신이 어느 정도였는지 짐작이 가지요?

레디의 실험 : 생물속생설의 주장

그런데 이처럼 너무나 당연하다고 굳건히 믿었던 자연발생설에 처음으로 일격을 가한 생물학자가 있었는데, 바로 이탈리아의 의사 레디(Francesco Redi, 1626~1697)예요. 여러분! 경주를 시작할 때 '레디 고(Ready go)!'라고 외치죠? 철자는 조금 다르지만 똑같은 발음을 가진 과학자 레디가 자연발생설의 반대라고 할 수 있는 생물속생설을 처음으로 '레디 고!' 한 사람이에요.

그는 생물속생설을 실험적으로 증명하기 위하여 모든 조건을 똑같이 하고, 알아보기 위한 것만을 달리해서 둘을 비교한 후 결과를 얻어내는 '대조 실험'이라는 현대적인 실험 방법을 처음으로 '레디 고!' 하기도 했어요.

사실 레디는 참 재주가 많은 사람이에요. 그는 뛰어난 의사이면서, 독사의 독에 대한 연구도 '레디 고!' 해서 굉장한 업적을 남긴 과학자이기도 했어요.

레디가 살았던 17세기 사람들은 뱀이 술을 마시고 깨진 포도주 잔 파편을 먹고는 난폭한 영혼이 되어 사람을 죽인다고 생각했어요. 그러나 레디는 실험을 통해, 독사의 독은 황갈색의 액체로, 머리에 있는 분비샘에서 나오는 것이지 난폭한 영혼에서 나오는 것이 아니라는 것을 증명했어요.

그리고 오직 앞니 두 개에 의해서만 독이 퍼지며, 독사가 죽은 후 시간이 흘러도 독은 계속 남아 치명적일 수 있다는 것도 밝혀냈어요. 또 독사의 독이나 이빨도 사람이 삼키면 죽지 않지만, 상처에 노출되거나 사람의 혈관으로 들어가면 치명적이라는 것을 알아냈답니다.

그는 반대로 사람의 침에도 독이 있어 사람이 독사를 물면 침이 퍼져 독사가 죽을 수도 있다는 것도 확인했죠. 뿐만 아니라 레디는 과학적 탐구에 쏟은 정열을 문학에도 쏟아, 이탈리아 14세기의 시에 정통했으며, 이탈리아 토스카나 지방의 포도주를 찬미하는 《토스카나 지방의 주신》이라는 시집을 펴낼 정도로 대단한 시인이기도 했어요.

그의 이름은 지구에서뿐만 아니라 화성에서도 유명해요. 미국 NASA는 화성에서 발견되는 분화구마다 이름을 붙였는데, 분화구의 이름을 지으면서 과학 발전에 이바지한 유명한 과학자의 이름을 인용했어요. 그 분화구 중 하나가 '레디 분화구(Redi Crater)' 예요.

여러분! 화성에는 아직 이름이 붙여지지 않은 분화구가 수십만 개나 남아 있어요. 만약 여러분이 열심히 공부해서 과학과 기술에서 훌륭한 업적을 남긴다면 여러분의 이름을 딴

화성의 분화구가 생길 수도 있어요. 어때요? 상상만 해도 가슴이 두근거리지 않나요?

그렇다면 화성의 분화구 이름까지 차지한 레디의 업적 중에서 그를 가장 유명하게 만든 생물속생설을 증명한 실험이 무엇인지 알아볼까요?

17세기의 자연발생론자들은 구더기는 음식물에서 저절로 생겨난다고 주장했어요. 레디는 이러한 생각에 의문을 갖고 실험을 시작했습니다. 우선 뚜껑을 열어놓은 병에 자신이 연구하던 금방 죽인 뱀을 넣었어요. 그리고 며칠을 방치하자 늘 그랬듯이 뱀의 사체에서 구더기가 나왔어요.

레디는 그 구더기 몇 마리를 다른 병으로 옮긴 다음 관찰을 시작했는데, 시간이 지남에 따라 구더기는 번데기를 거친 후 파리로 변해서 날아가 버렸어요. 이 관찰을 통해 레디는 구더기가 파리의 애벌레라고 확신하게 되었죠.

그래서 이번에는 다시 2개의 똑같은 병을 준비하고 2개의 병에 생선의 양과 장소 등 모든 조건을 똑같이 한 다음, 한쪽 병은 그대로 열어 두고, 다른 쪽 병은 양피지로 덮어서 파리가 들어가지 못하도록 했어요. 이것이 레디가 고안한 그 유명한 대조 실험이에요. 이러한 대조 실험 결과 레디가 예상한 것처럼 열어 둔 병에서는 구더기가 생기고, 양피지로 덮어 둔 병에서는 구더기가 생기지 않았어요.

이 실험을 통해 레디는 구더기가 저절로 생기는 것이 아니

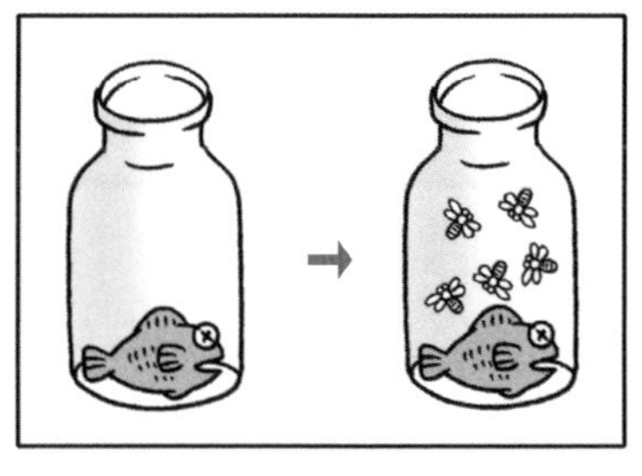

레디의 대조 실험

라 부패한 생선에 낳은 파리의 알에서 생긴다는 것을 알았어요. 그리고 레디는 이 실험 결과를 자연발생설을 부정하고, 생물속생설을 지지하는 근거로 삼았습니다.

자연발생론자들은 이 실험 결과를 보고 조금 당황했어요. 하지만 그들의 코가 완전히 납작해진 것은 아니었어요. 바나나를 좋아하는 나, 오~파린도 딱 한 번 맛없는 바나나를 먹은 적이 있어요. 하지만 그 한 번의 경험 때문에 바나나가 맛없는 과일이라고 생각하지는 않아요.

여러분도 한번 상상해 보세요. 백조는 온몸이 하얀 새라고 알고 있어요. 그런데 어느 날 생김새는 백조랑 똑같이 생겼는데, 몸 색깔이 검은 새를 보게 되었어요. 그 한 번의 경험으로 여러분은 모든 백조가 검은색이라고 생각하지는 않을 거예요. 그 새는 백조가 아니라고 생각하거나, 또는 백조의 몸에 검은색의 무엇인가가 묻었거나, 돌연변이라고 짐작할 거예요.

여러분처럼 자연발생론자들도 자신이 믿고 있던 ‘자연발생설’을 레디의 실험 하나로 모두 부정할 수는 없었어요. 레디의 실험 재료는 구더기와 같은 곤충의 애벌레에만 국한되었으므로, 다른 모든 생물에도 레디의 실험 결과가 똑같이 적용되는 것이라고 확신할 수 없었어요.

특히 크기가 작은 생물들은 여전히 저절로 생겨난다고 믿었어요. 왜냐하면 기생충들은 동물의 몸 밖이나 입, 식도 근처에서는 발견되지 않고, 오직 동물의 몸 안에서만 생기고, 어린 동물이나 금방 태어난 동물에서도 관찰되었어요. 그러므로 기생충의 알이 우연히 동물의 몸속으로 들어가서 서식하는 것이 아니라, 동물의 몸속에서 기생충이 자연적으로 발생한다고 생각한 것이죠.

생물속생설 실험을 '레디 고!' 한 레디조차도 '기생충은 자연발생한다'는 것을 인정했답니다. 결국 레디가 생물속생설을 지지하는 실험을 제시하였지만, 생물속생설은 부분적으로만 인정되었고 '작은 생물은 자연발생한다'라는 생각이 여전히 지배적이었어요.

니담과 스팔란차니: 미생물의 생물속생설

'작은 생물은 자연발생한다'라는 믿음은 현미경의 발명을 통해 더욱 증폭되었어요. 현미경은 눈으로 볼 수 없는 매우 작은 생물들의 세계를 확인시켜 주었고, 이러한 생물들은 자연적으로 발생하는 것처럼 보였어요.

1745년 영국의 목사 니담(John Needham, 1713~1781)은 이러한 생각을 엄격한 방법을 적용한 과학적 실험을 통해 확고히 하고자 했어요. 니담은 양고기 국물을 끓여서 유리병에 넣고, 입구를 코르크와 유향 수지(유향수의 수액에서 만들어지는 천연수지)로 밀봉했어요. 그리고 그 유리병을 뜨거운 재 속에서 가열했어요. 이렇게 한 이유는 혹시 병 속에 남아 있을지도 모르는 살아 있는 미생물을 죽이기 위해서였지요.

며칠 후 니담은 병을 열어 그 속을 현미경으로 관찰했는데, 병 속에는 다양한 크기의 미생물들이 들끓는 것을 발견했어요. 그 미생물 중에는 뱀장어처럼 생긴 동물들도 볼 수 있었어요. 니담은 철저한 실험 과정을 통해 모든 미생물을 죽였

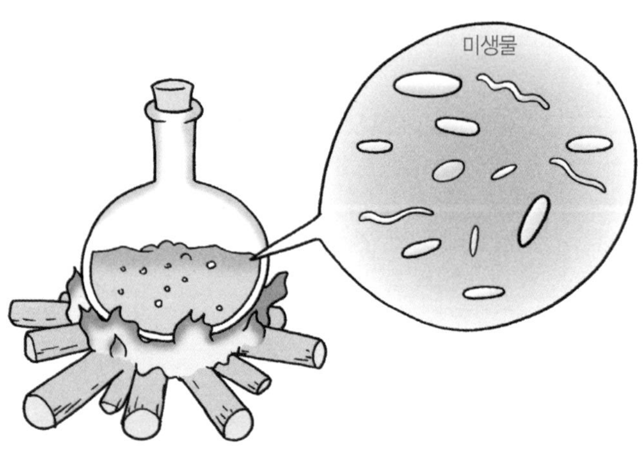

음에도 불구하고 온갖 종류의 미생물이 생겨난 것으로 보아 '최소한 미생물은 자연발생한다'라는 결론을 내리게 되었답니다.

하지만 레디의 생물속생설을 지지하던 이탈리아의 성직자이자 실험동물학자의 원조로 알려진 스팔란차니(Lazzaro Spallanzani, 1729~1799)는, 니담의 실험은 가열 온도가 너무 낮고 미생물 침투를 완벽하게 차단하지 않았기 때문에 병에 미생물이 유입되어 발생한 것이라고 지적했어요.

그는 미생물은 공기를 통해 운반되어 양고기 국물에 침투하므로, 미생물의 발생을 억제하기 위해서는 가열하는 것뿐만 아니라 유기물 용액을 공기에 접촉시키지 않아야 하는데, 코르크 마개는 공기를 통과시킨다고 주장했어요. 그래서 니담의 실험 과정을 보완하여 다시 실험을 했습니다.

스팔란차니는 니담이 한 것과 똑같이 끓인 양고기 국물을 유리병에 담은 후에 유리병의 구멍을 막았는데, 니담과는 다르게 아예 유리병의 입구를 녹여서 밀봉을 하고 1시간 동안 고온에서 끓였어요. 이렇게 실험을 했더니 장기간 보존해도 유리병에서는 살아 있는 미생물이 관찰되지 않았어요.

하지만 니담은 스팔란차니의 실험에 코웃음을 쳤어요. 그의 실험에서 미생물이 관찰되지 않은 이유는 그가 유리병을

과도하게 가열함으로써 미생물뿐만 아니라 유리병 안에 든 혼합물의 발아력, 즉 생장 에너지까지 파괴했기 때문이라고 주장했지요.

니담의 이러한 주장에 스팔란차니는 분개하여 유리병에 미세한 균열을 만들어 공기가 통하도록 만들었어요. 만약 니담이 말한 것처럼 생장 에너지가 파괴되어 미생물이 발생하지 않은 것이라면, 다시 공기를 넣어 줘도 미생물은 자라지 말아야 하니까요.

하지만 스팔란차니가 공기를 통하게 해 주니 유리병에서 다시 미생물이 나타났어요. 이것은 미생물이 공기를 통해 운반된다는 자신의 주장을 지지하는 근거가 되었지요.

스팔란차니는 이 실험을 통해 '생물은 생물에서만 생긴다.

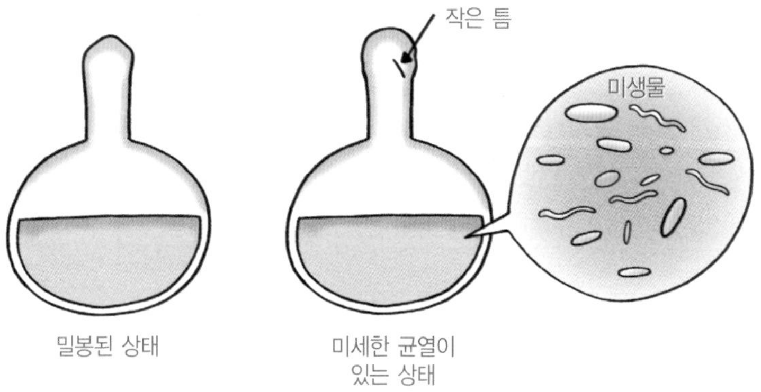

이 세상에 살아 있는 모든 것은 어버이가 있다. 미생물도 마찬가지이다'라고 주장하면서 생물속생설에 힘을 실어 주었어요. 뿐만 아니라 스팔란차니의 실험은 '멸균'이라는 개념을 만들어 내어 식품을 안전하게 보존하는 기술에도 큰 기여를 했답니다.

그렇다면 레디의 실험에 이어 스팔란차니의 실험을 통해 확인된 생물속생설은 자연발생론자들의 항복을 받아 내었을까요? 아쉽게도 그렇지 못했어요. 자연발생설 지지자들은 스팔란차니의 실험은 공기가 없이는 자연발생이 일어나지 않는다는 것을 증명했을 뿐이라고 주장했어요.

그들은 '스팔란차니의 실험은 밀폐로 인해 미생물이 운반되지 않은 것이 아니라, 생물의 생존과 성장에 필요한 산소가 공급되지 않았기 때문에 미생물이 자라지 못한 것뿐이다'라는 반론을 제기했어요.

파스퇴르의 실험 : 논쟁의 마침표

1668년 레디가 자연발생설을 부정한 실험을 발표한 이래 약 190년간 자연발생설과 생물속생설을 지지하는 과학자들

사이에 격렬하고 흥미진진한 논쟁이 계속되었어요. 이러한 논쟁의 분위기 속에서 1859년, 프랑스 과학협회는 자연발생설에 대한 증명 또는 반증에 대한 콘테스트를 열었어요. 그리고 마침내 프랑스의 화학자이자 미생물학자인 파스퇴르(Louis Pasteur, 1822~1895)가 백조목(Swan−necked) 플라스크 실험을 통해 그 논쟁의 마침표를 찍었답니다.

아마 여러분에게도 파스퇴르는 친숙한 과학자일 거예요. 그가 세계 최초로 개발한 '저온 살균법'은 영양소 파괴 없는 살균법으로 지금까지도 포도주나 유제품 제조에 이용되고 있으니까요. 오늘날 프랑스의 와인은 세계 최고의 맛으로 극찬받고 있는데, 이는 프랑스가 좋은 와인을 생산할 수 있는 지리적·환경적 조건을 갖추고 있기 때문이기도 하지만, 프

과학자의 비밀노트

저온 살균법(pasteurization)
포도주를 상하게 하는 미생물을 죽이기 위해 액체를 담은 용기를 밀봉하고, 짧은 기간 동안 100℃ 이하에서 가열하여 살균하는 방법이다. 파스퇴르가 죽고 난 후 그의 공적을 기리기 위해 이 살균 방법을 '파스퇴르 살균법'이라고도 하였다. 저온 살균법은 지금까지도 우유, 과즙, 맥주 등의 액체 식품에 폭넓게 적용되고 있다.

랑스의 미생물학자인 파스퇴르의 역할도 있었답니다.

프랑스의 스트라스부르 지방은 포도주 생산을 주업으로 하는 농민들이 많았는데, 그 시절 농민들은 포도주가 쉽게 부패하여 고통을 겪고 있었어요. 농민들은 스트라스부르 대학의 화학과 조교수로 근무하고 있는 파스퇴르를 찾아가 포도주를 상하게 하는 원인을 파악해 대책을 마련해 달라고 부탁했어요.

파스퇴르는 발효가 잘되는 술통과 잘되지 않는 술통에서 포도주를 조금씩 가져와 현미경으로 관찰을 했는데, 두 술통에서 발견되는 효모의 종류가 조금씩 달랐어요. 또, 발효가 잘되지 않고 부패가 쉽게 되는 술통에는 젖산을 만드는 효모가 많이 있다는 것을 알게 되었습니다.

그는 이 관찰을 통해 효모가 포도주의 맛을 결정하는 핵심이라는 것을 깨닫고, 포도주 발효에 가장 적합한 효모를 배양했습니다. 동시에 포도주를 상하게 하는 젖산 효모균을 55℃로 가열하면 죽는 것을 발견했는데, 이것이 '저온 살균법'이에요. 이 살균법을 통해 스트라스부르는 와인 생산의 경쟁력을 갖추게 되었던 것이죠.

그 밖에도 파스퇴르는 미신에 사로잡힌 사람들에게 세균이 질병의 원인이라는 것을 실험을 통해 직접 보여 주었어요.

효모

균사(곰팡이의 몸을 이루는 섬세한 실 모양의 세포)가 없는 곰팡이의 일종으로, 이스트(yeast)라고도 부른다. 산소가 존재할 때는 포도당 같은 영양소를 이산화탄소와 물로 완전히 분해하는 유기 호흡 과정을 통해 에너지를 얻고, 산소가 없을 때는 영양분을 불완전 분해하는 발효 과정을 통해 에너지를 얻는다. 효모가 발효할 때 이산화탄소와 알코올을 만들어 내기 때문에, 사람들은 이 과정에서 만들어지는 알코올은 술을 만들 때 이용하고, 이산화탄소는 빵을 부풀릴 때 이용한다.

또 탄저병 백신, 광견병 백신 등을 개발하여 사람들을 질병의 고통으로부터 해방시켜 주기도 했습니다.

이처럼 미생물 연구에 일가견이 있던 파스퇴르는 '미생물은 자연발생한다' 라는 가설에 동의할 수 없었어요. 그는 생물은 결코 자연적으로 발생하지 않는다고 주장하며, 이를 증명하기 위해 직접 공개 실험을 시행하여 자연발생설에 도전장을 던졌어요.

자연발생론 지지자들은 스팔란차니의 실험을 '고온으로 인한 생명 에너지 파괴', '산소의 차단' 이라는 요소가 자연발생한 미생물의 생장을 방해했다고 공격했는데, 파스퇴르는 이 반론을 철저하게 받아칠 수 있는 실험을 고안했지요.

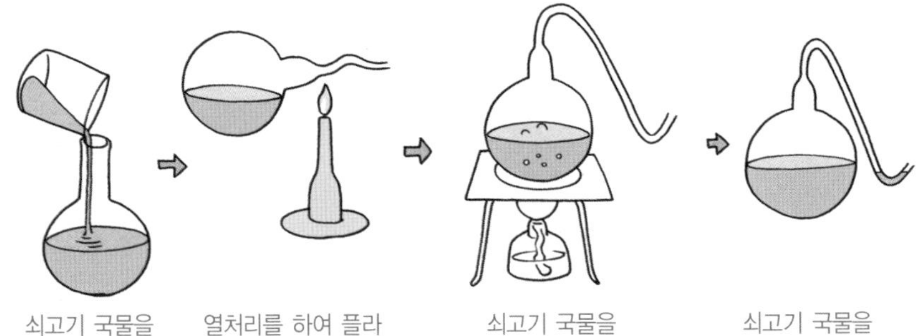

파스퇴르 실험

그는 먼저 유리로 된 둥근 플라스크에 쇠고기 국물을 넣고 100℃로 끓여 완전히 멸균을 했어요. 그런 다음에 플라스크의 입구가 물렁물렁해지도록 불로 가열해서 S자 모양(백조목 모양)으로 가늘고 길게 늘이고 구부려서 입구의 끝이 위로 향하게 만들었어요.

이러한 모양은 공기는 플라스크 안으로 들어갈 수 있지만 공기 중에 떠다니는 미생물들은 중력에 의해 S자형 입구의 가장 아랫부분에 가라앉아 고기 국물이 있는 곳으로 들어가지 못하게 막는 구조였어요. 그리고 확실하게 하기 위해 S자형 플라스크 속에 들어 있는 고기 국물을 다시 끓였다가 천천히 식혔어요.

파스퇴르의 예측대로 S자형 플라스크 속 고기 국물에는 아무런 미생물도 자라지 못했어요. 스팔란차니의 실험에서 '산소의 차단이 미생물의 생장을 방해했다'는 공격에 대항하기 위해 공기를 통할 수 있게 했음에도 불구하고 미생물은 자연발생하지 못한 것이죠.

이 실험에 대해서 자연발생론 지지자들은 왜 미생물이 자라지 못했다고 공격했을까요? 맞아요, 그들은 비록 산소가 공급되긴 했지만 '지나친 가열로 인해 생명 에너지가 파괴되었기 때문에'라는 무기를 또 들고 나왔어요.

그러자 파스퇴르는 가르다란 S자형의 목 부분을 부러뜨렸어요. 생명 에너지가 파괴되어 미생물이 생길 수 없다면 플라스크의 목을 부러뜨려도 미생물은 자라지 못할 테니까요. 하지만 목을 부러뜨린 플라스크 속에서는 급속히 미생물이 자라는 것을 확인할 수 있었답니다.

이로 인해 자연발생론자들은 어떤 반론도 제기할 수 없었고, 드디어 오랫동안 이어진 자연발생론과 생물속생설 사이의 논쟁은 생물속생설의 승리로 종지부를 찍게 되었지요.

하지만 여러분이 하나 알고 넘어가야 할 것은 파스퇴르의 실험은 기본적으로는 옳았지만 모두 옳은 것은 아니라는 점이에요. 왜냐하면 어떤 미생물들은 펄펄 끓는 온도에서도 살아남을 수 있거든요.

　그런 미생물이 파스퇴르의 공개 실험에 포함되지 않았던 것은 파스퇴르에게도 매우 행운이었지만, 결과적으로 우리에게도 매우 다행한 일이었지요. 그의 실험이 대성공을 거둠으로써 현대 생명 과학이 비약적으로 발달할 수 있는 계기가 마련되었기 때문이죠.

　이처럼 과학적 이론이라는 것은 고정된 것이 아니라 오랜 시간에 걸친 끊임없는 실험과 증거들을 통해서 기존의 이론이 수정되거나 뒤바뀌기도 하고, 때로는 행운이 필요하기도

한 분야예요. 물론 파스퇴르처럼 시간이 흐르면 그것이 단지 행운이었을 뿐 모두 옳은 것이 아니라는 것 또한 밝혀지게 된답니다. 그러니까 여러분도 지금 알고 있는 과학적 이론이 변하지 않는 진실이라고 확신하지 마세요.

다음 시간에는 드디어 내가 주장한 '오파린의 가설'을 소개할 예정입니다. 여러분! 나, 오~파린도 과학자랍니다. 그래서 내가 주장한 가설도 언제든 반증될 수 있지요. 나는 여러분의 과학적 도전을 기다리고 있어요. 자, 그럼 오늘 수업은 레디와 같이 여러분의 이름이 붙여진 화성의 분화구를 상상하면서 여기서 마치겠습니다. 다음 시간에 만나도록 해요.

으~. 이 바나나를 그릇에 넣어두지 않아서 벌레들이 생겼잖아.
하하하, 레디가 했던 실험을 본의 아니게 하게 되었군요.

네? 레디가 했던 실험이요? 레디가 누구인데요?
레디는 생물속생설을 증명하기 위한 실험을 했었죠. 생물속생설이 받아들여지기까진 레디를 포함한 많은 과학자들의 노력이 있었답니다.
레디

레디는 2개의 병에 고기의 양과 장소 등의 조건을 똑같이 한 후 한쪽은 열어 두고 다른 쪽은 덮어 두었더니, 열어 둔 병에서만 구더기가 생긴 것을 확인했어요. 이 실험을 통해 구더기는 파리가 낳은 알에서 생긴다는 것을 증명했죠.
열어 둔 병에서만 구더기가 생겼네.

그 후 스팔란차니는 실험을 통해서 미생물도 공기를 통해 운반되지 않으면 저절로 생기지 않는다는 것을 증명했어요.
그럼 그제야 사람들이 생물속생설을 믿기 시작했겠군요.
생물은 생물에서만 생긴다. 이 세상에 살아 있는 모든 것은 어버이가 있다.
스팔란차니

아니요, 여전히 자연발생설과 생물속생설의 논쟁은 계속되었지요. 하지만 프랑스의 미생물학자 파스퇴르가 백조목 플라스크 실험을 통해 그 논쟁의 마침표를 찍었답니다.
어떤 실험이었나요?
자연발생설과 생물속생설 논쟁의 종결자는 나, 파스퇴르예요.

플라스크에 쇠고기 국물을 넣고 끓여 멸균을 한 후 입구를 S자 모양으로 만들어 공기는 들어가도 미생물은 S자형 입구의 아랫부분에 가라앉게 만들어 미생물이 생기지 않는다는 것을 보여 줌으로써 생물속생설을 증명했어요.
그랬군요.
백조 목 플라스크
미생물

오파린의 가설과 밀러의 실험

오파린의 가설과 그 가설을 바탕으로 한 밀러의 실험을 통해
지구 상에 생명체가 어떻게 출현했는지에 대해 살펴봅시다.

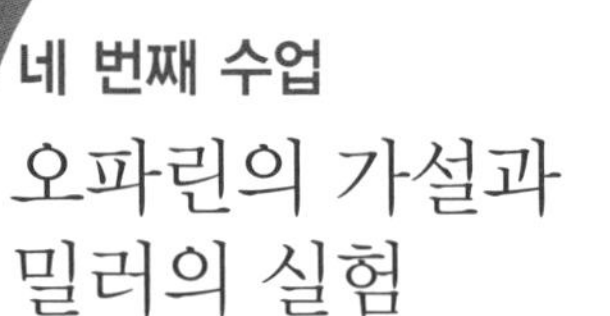

오파린의 가설과 밀러의 실험

오파린이 우리가 살고 있는 행성에 대해
질문하며 네 번째 수업을 시작했다.

화학진화설

여러분, 우리는 어느 행성에 살고 있나요?

— 지구요.

네, 맞아요. 우리가 살고 있는 이곳은 태양계의 3번째 행성, 지구예요. 이 지구에 어떻게 생명체가 처음 나타나기 시작했을까요?

— 지구가 처음 생겼을 때 갑자기 나타났을 것 같아요.

— 처음에는 없었다가 어떤 계기로 생겼을 것 같아요.

아름다운 지구

그래요. 그렇다면 생명체는 어떤 계기로 생겼을까요?

__ 산소가 생겼기 때문이에요.

__ 오존층이 생겼기 때문이에요.

__ 신이 창조했어요.

이 질문도 우리가 첫 수업에서 했던 '생명이란 무엇인가?'에 대한 질문과 같이 그 누구도 정확한 답을 알 수 없을 거예요. 왜냐하면 아주 먼 옛날 일이었으니까요.

지난 시간에 우리는 파스퇴르의 실험을 통해서 생물은 자연적으로 발생하지 않고 오직 생물로부터 나온다는 '생물속생설'에 대해 공부했습니다. 생물이 자연적으로 발생하지 않는다면 도대체 생명은 어떻게 시작된 것일까요?

생명의 기원에 관한 여러 가지 가설들에 대해서는 두 번째 시간에 이야기했어요. 이런저런 가설들로 사람들이 생명의 기원에 대해 혼란스러워하고 있을 때, 나는 아주 그럴듯한 가설을 주장하였지요.

나는 원시 지구의 대기가 지금과는 전혀 다른 상태였을 거라고 생각을 하고 있어요. 원시 지구의 대기는 수소, 헬륨, 메테인(메탄), 아르곤, 암모니아와 같은 지금의 대기를 조성하는 기체들과는 다른 종류의 기체들로 가득했었지요.

그 당시의 대기에는 산소가 거의 없었을 거예요. 또 원시 지구의 대기는 오존층도 없었으므로 태양의 자외선이 지표

원시 지구의 모습

면까지 쉽게 도달할 수 있었을 거예요. 육지와 바다의 여기저기에서는 화산 폭발이 일어나 충분한 에너지도 제공되고 있었을 것입니다.

그 당시의 대기를 환원성 대기라고 하는데, 그 이유는 에너지가 공급되면 아미노산과 그 밖의 유기물들이 생성될 수 있는 환경이었기 때문이에요. 이렇게 해서 생긴 유기물들은 마치 수프와 같은 원시 바닷속에 오랫동안 축적이 되어 있었을 것입니다.

축적되었던 유기물 분자들은 우연히 서로 결합을 하는 일들이 반복되면서 큰 복합체를 이루게 되었고, 이 중 일부에는 막이 생겼지요. 이 막을 통해 필요한 물질을 받아들이고 불필요한 물질을 내보내면서 스스로 분열할 수 있는 능력을 지닌 원시 생명체가 생겨났을 수도 있다는 것이 바로 나의 생각인 오파린의 가설입니다. 어떤가요, 무척 그럴듯하지 않나요?

원시 대기에서 화학 반응 결과 생성된 유기물로부터 생명이 시작되었다고 해서 나의 가설을 화학진화설이라고도 한답니다. 이쯤에서 홀데인(John Haldane, 1892~1964)이란 사람의 이야기를 하지 않을 수가 없을 것 같군요. 글쎄, 홀데인이라는 영국의 생물학자도 그 당시 나와 똑같은 생각을 하

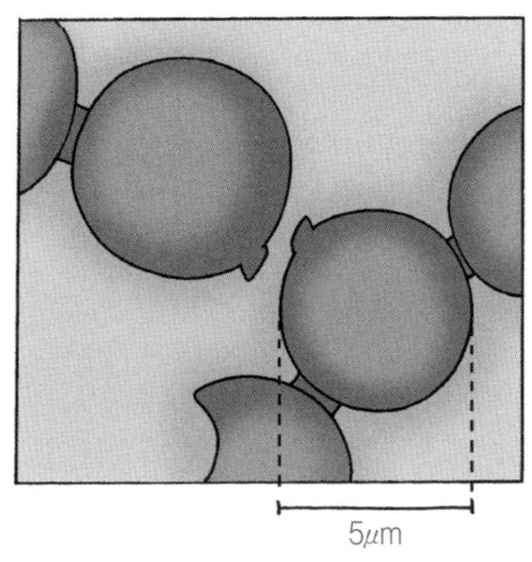

코아세르베이트

면서 책까지 출판했지 뭐예요. 그래서 요즘 사람들은 나의 가설을 '오파린의 가설'이라고도 하지만, '오파린-홀데인의 가설'이라고도 부른답니다.

또한 이 가설을 코아세르베이트설이라고도 하는데, 그 이유는 원시 바닷속에 축적된 유기물들이 뭉쳐서 생긴 작은 액체 방울과 같은 상태인 것을 내가 '코아세르베이트'라고 이름을 붙인 데서 찾을 수 있습니다. 코아세르베이트는 주변 환경으로부터 물질을 선택적으로 받아들이거나 내보내면서 크기가 자라나기도 하는데, 일정한 크기 이상이 되면 저절로 분열하기도 함으로써 원시 생명체의 기원이 되었다는 것이 바로 '코아세르베이트설'입니다.

밀러의 실험

이런 나의 주장을 실험으로 증명해 준 기특한 과학자가 한 사람 있습니다. 첫 번째 수업에서 언급했던 밀러예요. 시카고 대학 박사 과정에 있던 대학원생 밀러가 유리(Harold Urey, 1893~1981) 교수의 지도를 받으면서 가상의 원시 지구의 대기 상태를 재현한 실험 장치를 고안해서 여러 가지 아미노산을 생성하는 데 성공했습니다. 그것이 1953년의 일이니까 내가 가설을 발표한 지 29년 만에 그가 나의 가설을 실험으로 입증해 준 셈이지요.

오파린이 칠판 가득 실험 장치를 그리고, 설명을 계속했다.

오른쪽 페이지의 그림을 한번 볼까요? 이 그림은 내가 가설을 세운 그대로 원시 지구의 상태를 잘 재현해 놓은 실험 장치를 나타낸 것입니다.

밀러는 이 실험 장치에서 공기를 빼내고 그 대신 내가 세운 가설처럼 메테인, 암모니아, 수소를 집어넣었어요. 그리고 매우 뜨거웠을 원시 바다를 재현하기 위해 플라스크에 물을 넣고 가열했지요. 이때 발생한 수증기는 원시 대기와 섞이면

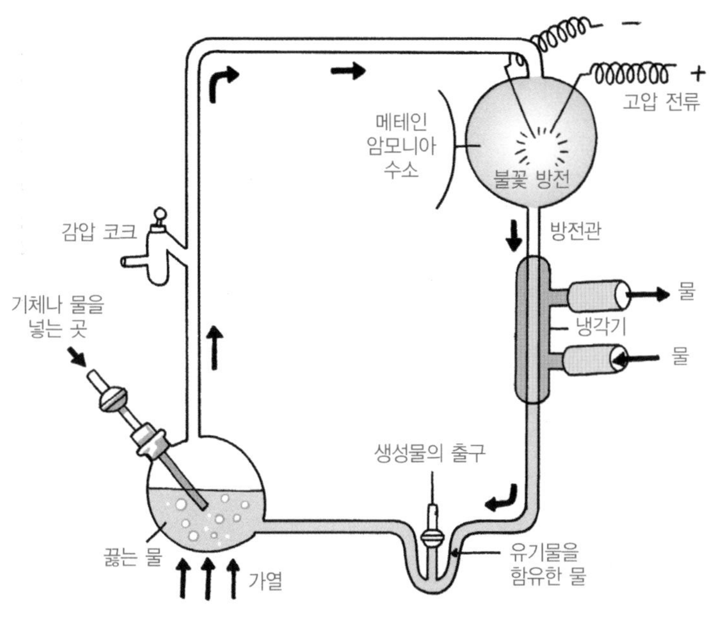

밀러의 실험 장치

서 원시 지구에도 공급되었을 태양의 자외선이나 우주선(우주에서 지구로 쏟아지는 높은 에너지를 지닌 각종 입자와 방사선) 그리고 번개 등을 대신하여 연속적으로 전기 방전을 일으켜 주었어요.

그렇게 일주일을 방치한 뒤에 냉각 장치를 통해 재빨리 식혔더니 U자관에 붉은 갈색의 액체가 모아졌어요. 그리고 그 성분을 분석해 보니, 단백질의 구성 성분인 여러 가지 아미

노산들이 나타나게 된 것이지요. 고맙게도 밀러는 나의 가설을 실험을 통해 잘 증명해 주었습니다.

과학자의 비밀노트

밀러의 실험

밀러의 실험은 생명체가 아닌 단순한 유기물을 만드는 데 그쳤지만 원시 지구에서 생명체가 자연적으로 생성될 수 있었다는 가능성을 보여 주는 중요한 근거가 되었다. 또한 영국의 과학자 레슬리 오겔(Leslie Orgel, 1927~2007)은 1969년 호주에 떨어진 머치슨 운석에서 아미노산의 종류와 비율이 밀러의 실험 결과와 거의 일치하는 성분을 발견하여 밀러의 실험을 뒷받침하였다.

오파린의 가설과 밀러 실험의 한계

살짝 기분은 나쁘지만 과학자로서 솔직하게 이야기해야 할 것이 있습니다. 보통 과학 지식은 검증이 가능하지만 나의 가설은 검증이 불가능한 하나의 가설일 뿐일 수도 있습니다. 밀러가 나의 가설을 증명하는 실험을 했다고 설명을 하였으나, 그것은 어디까지나 원시 대기가 산소가 없는 환원성 대기로 이루어졌다는 가정을 한 상태에서 진행한 실험이었습니다. 실제로 원시 대기가 내가 말한 환원성 대기로 이루어져 있지 않았다면 이 실험은 첫 단추부터 잘못 끼운 것이므로 절대로 성공했다고 볼 수가 없겠지요.

최근 지질학자들은 원시 지구의 대기는 이산화탄소와 질소가 주성분일 것으로 추정하고 있습니다. 또한 가장 오래된 지구 초기의 암석에서 원시 지구는 산소가 있는 대기 환경이었을 것이라는 증거도 나타나고 있지요.

그래서 1980년대에 과학자들은 밀러가 사용했던 수소와 메테인 그리고 암모니아는 실제 원시 대기 환경 조건이 아니었다는 것에 동의했습니다. 원시 대기 환경이라면 질소와 이산화탄소를 사용해야 한다고 지적했지요. 그래서 몇몇 과학자들이 원시 대기 환경으로 질소와 이산화탄소 등을 사용하여 밀러의 실험을 다시 재현했었는데, 어떤 종류의 아미노산도 생성되지 않았답니다.

또 어떤 과학자들은 지구 상에 풍부했던 물이 자외선에 노출되어 수소와 산소로 분해될 때, 수소는 너무 가벼워 지구 중력이 붙잡지 못해 쉽게 대기 밖으로 나가 버릴 수가 있지만 산소는 축적될 가능성이 크다고 주장하기도 해요. 그렇다면 원시 지구의 대기에는 산소가 있었을 것이고 밀러의 실험에 의해 생성된 유기물은 그 산소에 의해 곧바로 파괴되고 말았

을 것입니다. 만약에 산소가 없었다면 성층권에 오존(O_3)층도 없었을 것이므로 지구 상의 생명체는 태양의 강력한 자외선으로부터 보호받지 못했겠죠.

이렇듯 나의 가설은 과거에는 상당히 일리가 있는 이론인 것으로 받아들여졌으나, 현대 과학에서 바라본다면 한계가 있는 하나의 가설일 뿐이지요. 나의 가설을 근거로 하여 이루어진 밀러의 실험 역시 생명의 기원을 보여 주는 실험이라고 강력히 주장하기는 어렵답니다.

이 외에도 밀러는 실험에서 '냉각 장치'라고 하는 인공적인 장치를 사용했는데, 이것은 내가 생각했던 가설에는 없었

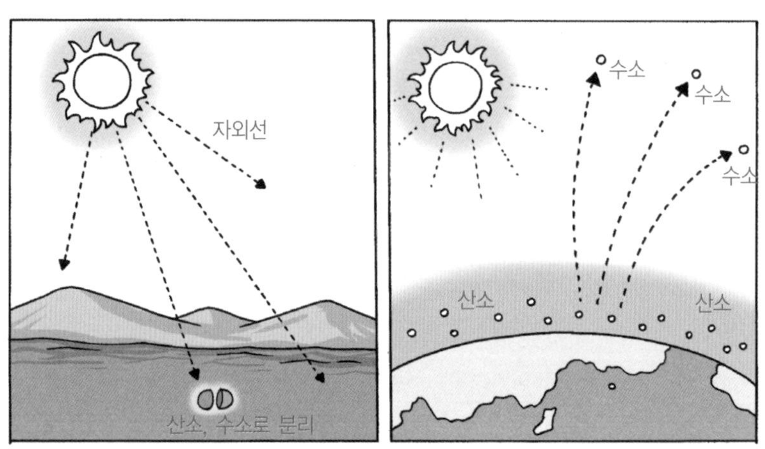

원시 지구 대기

던 원시 대기 환경입니다. 그리고 어떤 화학자는 '이러한 냉
각 장치가 없을 경우에는 아미노산이 만들어졌을지라도 에
너지원이 공급된 고온 상태에서는 곧바로 분해될 수밖에 없
다'고 주장하기도 했답니다. 여기서 말하는 에너지원이란 태
양의 자외선이나 우주에서 쏟아지는 우주선, 번개 등을 의미
하는 것이지요.

실제 밀러의 실험 장치에서 냉각 장치를 사용하지 않고 실
험한 경우에는 아미노산이 전혀 만들어지지 않았습니다. 밀
러가 아미노산을 얻기 위해 냉각 장치를 사용한 점도 이 실험
의 또 하나의 한계랍니다.

밀러의 실험에는 또 다른 한계도 발견됩니다. 실험 결과 아
미노산이 생성되기는 했지만 L형뿐만 아니라 D형 아미노산
도 생성되었습니다. 하지만 식물, 동물, 박테리아, 균류, 심
지어 바이러스에 이르기까지 실제 대부분의 생물체에는 L형
아미노산만 존재합니다. 또한 자연 상태에서는 우연한 과정
으로 L형과 D형이 저절로 분리되는 상황은 절대로 일어나지
않습니다.

따라서 밀러의 실험 장치와 같이 원시 지구 대기에서 자연
적으로 아미노산이 합성되었다 하더라도 L형과 D형이 섞여
있고, 자연적으로 L형과 D형이 분리되는 과정이 증명되지

않는다면 L형으로만 이루어진 생명체의 발생이 이 과정을 통해 일어난다는 설명은 가능하지 않지요.

우리는 첫 번째 수업에서 '생명이란 무엇인가?' 라는 질문에 정확한 대답을 할 수가 없었습니다. 그렇다면 이번 수업을 시작할 때 내가 던졌던 '이 지구에 어떻게 해서 생명체가 나타나기 시작했을까?' 라는 질문에는 분명한 설명을 할 수 있었나요? 그 또한 명쾌한 답을 찾기는 어려웠죠.

그런 가운데서도 나, 오파린은 원시 지구의 대기를 환원성 기체들로 가득 찼을 것이라는 가정을 했고, 그 조건에서 가능

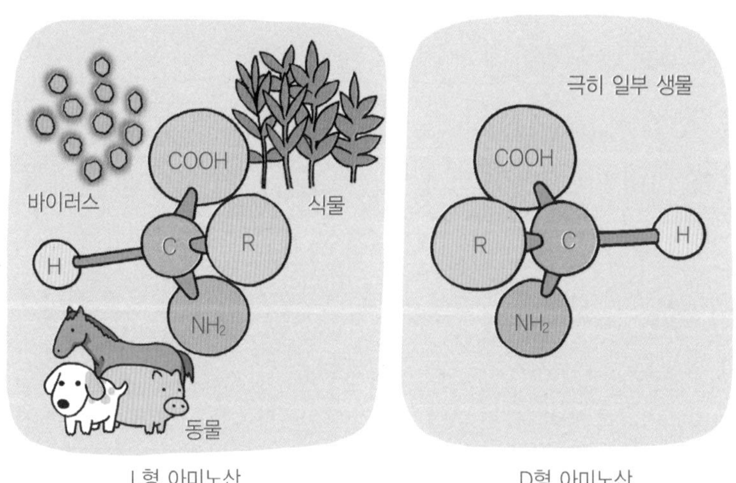

L형과 D형 아미노산의 분자 모형

아미노산

아미노산은 모든 생명 현상을 관장하고 있는 단백질을 구성하는 기본 단위로서 피부, 근육, 머리카락 등 우리 인체를 구성하는 단백질의 원재료가 되고 있다. 자연에는 20개의 아미노산이 있다고 알려져 있는데, 그중에서 가장 간단한 아미노산인 글리신을 제외한 19개 아미노산은 광학 활성이 있다. 광학 활성이란 편광을 쪼였을 때 편광이 일정한 각도로 회전하는 현상인데, 광학 활성에 따라 L형과 D형으로 구분한다. L형과 D형은 회전하는 방향이 서로 반대이며, 광학 활성 분자들은 서로 거울상의 형태를 하고 있다. 마치 왼손과 오른손처럼 거울에 비친 모습은 같지만 실제 공간에서는 서로 포개지지 않는다.

재미난 사실은 L형 아미노산은 체내에서 소화, 합성을 할 수 있지만, 다른 광학 활성을 가진 D형 아미노산은 소화도, 합성도 안 된다는 것이다.

즉, 사람 몸의 아미노산은 모두 L형이며 사람뿐만 아니라 대부분의 다른 생물도 L형의 아미노산으로만 구성되어 있다. D형 아미노산은 극히 일부 생물에서만 발견된다.

한 '화학진화설'을 주장했지요. 그리고 나의 가설에 따라 밀러가 실험 장치를 고안하여 아미노산을 합성하는 데까지 성공을 했고요.

그러나 밀러는 훗날 과학 잡지인 〈사이언티픽 아메리칸〉(1991)에서 자신의 실험을 회상하며 "과거에 내가 주장했던 원시 대기 환경에서 생명이 발생한다는 가설은 이제 와 생각하니 너무나 동화 같은 이야기였다. 태초에 생명이 어떻게

시작되었는지는 현재로서는 아무도 모른다."라는 이야기를 했답니다.

하지만 아직까지 학계에는 생명 탄생에 대해 나, 오파린이 제안한 가설을 능가할 만한 설명력이 더 큰 가설이 나타나지 않고 있습니다. 여러분이 한번 도전해 보는 것은 어떨까요?

자, 오늘 수업은 여기서 마치기로 하고, 다음 시간에는 생물체를 이루는 단백질의 기본이 되는 단순한 유기물의 합성으로부터 복잡한 고분자 유기물이 어떻게 생성될 수 있었는지 설명을 한 폭스의 실험을 만나러 가 보겠습니다.

선생님, 지구가 처음 생겼을 때 생명체도 있었나요?
나도 그 점이 궁금해 많은 연구를 한 결과 해답은 원시 지구의 환경에 있다는 것을 깨달았어요.

원시 지구의 환경이요?
원시 지구의 대기에는 산소가 거의 없고, 오존층도 없어 자외선이 지표면까지 쉽게 도달할 수 있었을 거예요. 또 많은 화산 폭발이 일어나 충분한 에너지도 제공되고 있었겠죠.
자외선

그런 환경에서 생성된 유기물들을 분해할 산소가 없었으므로 바닷속 유기물 분자들이 우연히 결합을 하는 일들이 반복되면서 원시 생명체가 생겨났을 수도 있다는 것이 바로 나, 오파린의 가설이죠.
유기물
결합된 유기물

밀러는 메테인, 암모니아, 수소로 채워진 환경에서 플라스크에 물을 넣고 가열했어요. 이때 전기 방전을 일으켜 주었더니 여러 가지 아미노산들이 나타나게 된 것이지요.
가설이 증명된 거군요.
밀러의 실험 장치
메테인
암모니아
수소
불꽃 방전
유기물이 함유된 물
끓는 물

그러나 하나의 가설일 뿐 사실 몇 가지 문제가 있었어요. 먼저 최근 밝혀진 사실로 추정한 원시 지구의 대기 환경에서는 내가 생각한 것처럼 아미노산이 생성되지 않거든요.

또 밀러의 실험에서 생성된 아미노산은 L형과 D형이었는데, 실제 생물에는 대부분 L형 아미노산만 존재하죠.
아직도 풀어야 할 숙제가 많다는 말씀이군요.
L형 아미노산
D형 아미노산

폭스의 실험과 원시 생명체의 탄생

폭스의 실험 내용을 바탕으로 원시 세포의 탄생 과정에 대하여 알아봅시다.

폭스의 실험과
원시 생명체의 탄생

오파린이 목소리를 가다듬으며
다섯 번째 수업을 시작했다.

지난 시간에 우리가 무엇에 대해 알아봤는지 기억하나요?

__ 원시 시대 지구 환경과 선생님의 가설이요.

__ 밀러가 선생님의 가설을 증명했던 실험이요.

네, 맞아요. 내가 제안했던 '오파린의 가설'과 이를 실험으로 증명해 보인 밀러의 실험에 대해 이야기를 했었지요. 여러분은 지난 수업에서 원시 대기 환경에서 화학 반응을 통해 유기물이 생성될 수 있으며, 생성된 유기물에서부터 생명이 시작될 수 있다는 것을 알게 되었을 겁니다.

그렇다면 어떻게 단순한 유기물이 인간의 몸과 같이 이렇

게 복잡한 체제를 갖춘 생명체가 되었을까요?

단순한 유기물에서 고분자 유기물로의 변화

오파린이 오른손에는 투명한 액체가 든 비커를, 왼손에는 흰 고체가 붙어 있는 암석을 들고 이야기를 계속 했다.

여러분, 내가 오른손에 들고 있는 이 투명한 액체가 무엇일까요?

__ 물 같은데요?

겉보기에는 그렇지요? 그런데 내가 암석 하나를 이 액체 속에 넣고 햇빛 아래에 두었더니 액체는 모두 사라지고 암석 표면에 이렇게 하얀 물질들이 생겼답니다. 이 하얀 물질은 무엇일까요?

__ 아, 소금이에요. 투명한 액체는 바닷물이군요.

그래요. 바닷물이 증발되면 바닷물 속에

녹아 있던 소금들이 모여서 큰 결정체를 만들지요. 이 소금을 보면서 지구 상에서 생명체가 출현하게 된 과정에 대해 한 번 상상해 봅시다.

수십억 년에 걸쳐 일어난 생명체의 출현 현상이 쉽게 이해되지는 않을 겁니다. 또한, 모든 과정을 명확히 설명해 주는 증거가 풍부하지도 않죠. 그러나 다행히도 일부 학자들이 조금씩이나마 이 비밀에 대한 여러 가지 설명들을 내놓고 있답니다.

먼저 생각할 수 있는 것은 복잡한 체제를 갖춘 생물체가 되기에 앞서 우선 세포의 특징을 가지고 있는 마이크로스피어(microsphere)라는 특이한 물질이 만들어졌다는 것이에요.

과학자의 비밀노트

마이크로스피어(microsphere)

1959년 폭스 등에 의해 합성된 구형의 아미노산 중합체(단위체가 결합한 고분자 화합물)이다. 높은 농도의 아미노산 포화 용액을 높은 온도에서부터 천천히 냉각시키면 얻을 수 있다. 이렇게 만들어진 마이크로스피어는 매우 안정적인 형태를 띠고 있을 뿐만 아니라 적당한 조건에서 두 개로 분열하여 동일한 마이크로스피어로 자라는 모습이 세포의 특징과 흡사하므로 원시 지구에서 세포가 출현하는 데 결정적인 역할을 했을 것으로 추정되는 중간 단계의 물질이다.

내가 지금 설명하고 있는 이 마이크로스피어는 단순한 유기물 덩어리일 뿐, 여러분이 알고 있는 세포와는 분명히 다른 것이랍니다.

여러분이 알고 있는 세포는 많은 세포 소기관들을 포함하고 있으며, 각각의 소기관들은 단백질이나 핵산 등의 고분자 유기물로 구성되어 있지요. 내 가설에서 말하는 단순한 유기물들은 일단은 고분자 유기물로 전환이 되어야 복잡한 생물체를 구성하는 세포가 될 수 있어요.

그렇다면 생명체가 등장하기 전인 아주 먼 옛날, 원시 바다에서 만들어진 단순한 유기물들은 어떻게 고분자 유기물로 바뀔 수 있었을까요? 과학자들은 다음과 같이 설명해 왔습니다.

농도가 낮은 단순한 유기물 용액을 뜨거운 모래나 바위 위에 떨어뜨리면, 열에 의해 용액 내 수분이 증발합니다. 이때 용액 내에 녹아 있던 단순한 유기물의 농도가 높아지는데, 이 과정에서 일부가 고분자 유기물로 바뀌게 돼요. 살아 있는 생명체 내에서 단순한 유기물이 복잡한 고분자 유기물로 바뀌기도 하지요. 이때는 '효소'라고 하는 생체 내 단백질들이 중요한 역할을 담당하고 있다는 것도 기억을 해 두길 바랍니다.

어쨌든 상상해 보세요. 단순한 유기물이 빗방울 속이나 바 닷속에 녹아 있습니다. 화산 활동으로 분출된 용암이나 뜨거 워진 바위 위로 이 빗방울들이 떨어진다면 이 과정에서 어떤 현상이 나타날까요?

__ 물이 증발해서 날아가고, 단순한 유기물이 남을 것 같아 요. 마치 바닷가의 소금처럼요.

네, 그렇습니다. 열에 의해 물은 증발이 되고, 유기물이 계 속 남게 되므로 유기물의 농도가 점점 높아지면서 고분자 유 기물이 만들어질 확률은 더 커진다는 것이죠. 이렇게 해서 고분자 유기물이 형성되기만 한다면, 일단은 초기 형태의 생 명체를 만들 수 있는 세포가 될 수 있다고 보는 것입니다.

__ 아, 그래서 소금 만드는 이야기를 하셨군요.

네, 맞아요!

RNA 세계(world) 가설

원시 대기 환경에서 형성된 고분자 유기물들 가운데 어떤 고분자 유기물이 생명체의 출현에 가장 중요한 역할을 했을 까요?

__ 단백질이 아닐까요?

__ 전 탄수화물일 것 같아요!

두 가지 다 중요하긴 하지만, 무엇보다 기본적으로 유전 정보를 가지고 있으며, 복제 능력이 있는 DNA나 RNA 같은 핵산이 생명체의 탄생에 결정적인 역할을 했을 것으로 보고 있습니다.

고분자 유기물들 중 최초의 핵산은 효소의 도움 없이도 복제가 가능한 짧은 가닥의 RNA였을 것이라는 주장이 있는데, 이것을 RNA 세계(world) 가설이라고 합니다.

RNA 세계(world) 가설은 생물의 기원을 DNA가 아닌

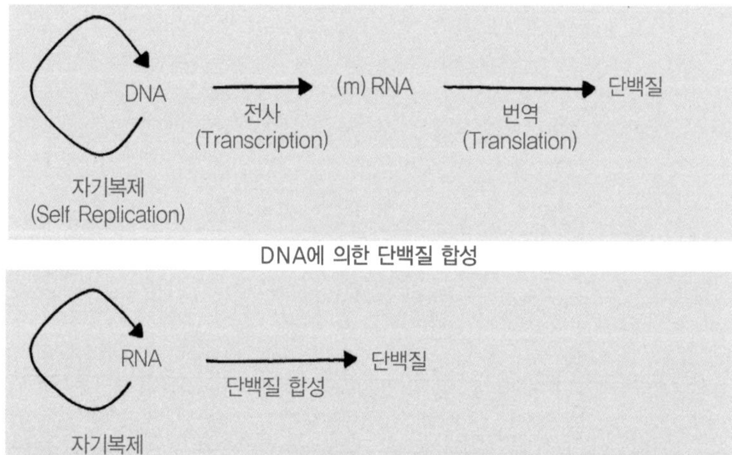

DNA에 의한 단백질 합성

RNA에 의한 단백질 합성

RNA에서 찾고 있는 가설이에요. RNA는 DNA와 달리 스스로 복제하거나 자를 수 있고 단백질을 합성할 수 있지요. 즉, '최초의 세포가 등장하기 전까지 지구는 DNA가 아닌 RNA에 의해 지배되었을 것이다' 라는 것이 RNA 세계(world) 가설의 핵심 내용이랍니다.

__ 과학 시간에는 DNA가 매우 중요하다고 배웠는데요.

DNA가 중요하지 않다는 말은 아니에요. 우리 몸의 모든 유전 정보를 저장하고 있는 DNA는 정말로 중요한 물질이죠. 하지만 DNA는 유전 정보를 저장하는 기능 이외에 특별한 기능이 없다는 것 때문에 최초의 핵산은 DNA가 아닌 RNA였을 확률이 더 크다는 것입니다.

우리의 몸에는 여러 종류의 RNA가 있어요. 그중 길이가 매우 짧은 마이크로 RNA와 같은 특정 RNA는 촉매제(반응 속도를 변화시키는 효과를 가진 물질)와 같은 역할을 합니다. 이런 촉매 역할을 하는 RNA를 '리보자임(ribozyme)' 이라고 하는데, 바로 이 리보자임의 발견으로 원시 지구에서 최초의 핵산이 RNA였을 것이라는 설명이 힘을 얻게 되었지요. 그러나 실제 짧은 RNA 가닥은 실험실에서도 만들어 낼 수 있지만, 자연 상태에서는 어떤 과정을 통해 형성될 수 있는지에 대한 증거를 찾을 수가 없었습니다.

이 가설은 1986년 미국의 생화학자인 길버트(Walter Gilbert, 1932~)에 의해 제기되었는데, 현재 지구의 생명 탄생을 설명하는 가장 신빙성 있는 가설로 받아들여지고 있습니다.

폭스의 실험

원시 지구에서 고분자 유기물이 형성되는 과정을 실험으로 증명한 과학자가 있어요. 바로 미국의 폭스랍니다. 그는 마이애미 대학의 생화학자였는데, 아미노산을 높은 온도로 가열하여 단백질이 만들어지는 것을 확인했지요. 폭스는 고온 건조한 조건에서 약 200개의 아미노산으로 이루어진 단백질을 만드는 데 성공하였고, 이렇게 합성된 단백질을 프로테노이드(proteinoid)라고 불렀습니다.

고분자 유기물인 단백질과 핵산이 만들어졌다고 하더라도 생명체가 되기 위해서는 중요한 조건이 하나 더 필요해요. 바로 단백질과 핵산 같은 고분자 유기물이 외부와 격리되어 있어야 한다는 것입니다. 복잡한 체제를 갖춘 생명체는 세포로 이루어져 있는데, 이 세포의 형태를 갖추기 위해 가장 중

과학자의 비밀노트

프로테노이드(protenoid)

원시 지구 환경에서 아미노산 혼합물을 가열했을 때 생성되는 물질을 말한다. 이때 다수의 아미노산이 결합하여 폴리아미노산(polyamino acid)이 생기는데, 이 폴리아미노산을 프로테노이드라 한다. 이와 같은 화합물의 결합 반응은 물을 제거하는 반응을 통해서 단위체를 결합시키는데, 액체 물질이 많은 환경에서는 반응이 잘 일어나지 않는다. 오히려 물이 있는 환경에서는 중합체가 서서히 분해되고 열은 이 과정을 촉진시킨다. 그래서 폭스는 아미노산 중합 반응이 뜨겁고 건조한 화산의 가장자리나 뜨거운 원시 바닷가에서 쉽게 일어날 것이라고 생각하였다.

요한 구조물 중 하나가 세포의 안과 밖을 구분 짓는 '막'이 랍니다.

나, 오~파린은 탄수화물, 단백질, 핵산과 같은 혼합물에서 코아세르베이트를 얻었고, 이를 원시 세포의 전구체(최종 산물이 되기 전 단계에 해당하는 물질)라고 생각했어요. 왜냐하면 코아세르베이트는 주위에서 물질을 선택적으로 받아들이고 자라다가 어느 정도 크기가 되면 분열하여 그 수가 증가한다는 것을 실험적으로 재현할 수 있었기 때문이죠.

이와 비슷하게 폭스는 원시 세포가 마이크로스피어를 거쳐 형성되었다고 생각하고 실험을 했어요. 폭스가 실험적으로 만든 프로테노이드는 물에 담그면 코아세르베이트처럼 덩어

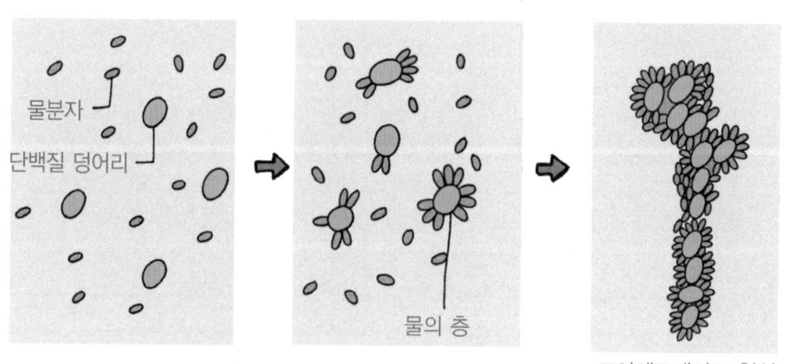

코아세르베이트 형성 과정

리를 형성합니다. 이것의 막은 세포의 막과 유사하게 선택적으로 물질을 받아들이며 성장하고 분열을 할 수가 있어요. 그러므로 폭스가 만든 마이크로스피어는 내가 말한 코아세르베이트와 함께 어떻게 원시 세포가 형성될 수 있는지를 설명하기에 좋은 사례가 될 수 있습니다.

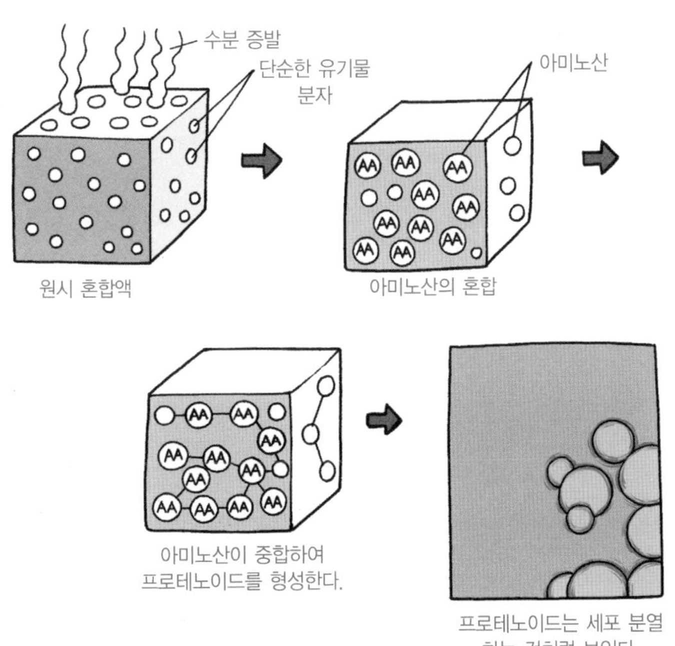

프로테노이드의 생성 과정

복제가 가능한 RNA 분자가 형성되고, 세포막 기능이 가능한 물질이 만들어졌다 하더라도 세포 구조를 가진 생물체가 되기에는 아직도 많은 과정이 남아 있어요.

__ 아직 다 끝난 게 아니라고요?

왜냐하면 세포는 내부에 복잡한 세포 소기관들이 있고, 이 세포 소기관들은 상호 협력을 통해 기능하기 때문이에요. 세포 소기관들의 협력 기능은 어떤 과정을 통해 가능해졌을까요? 현재 세포 소기관들의 협력을 설명하는 데 있어 가장 유력한 가설 중 하나는 '짧은 RNA가 폴리펩타이드로 해독되

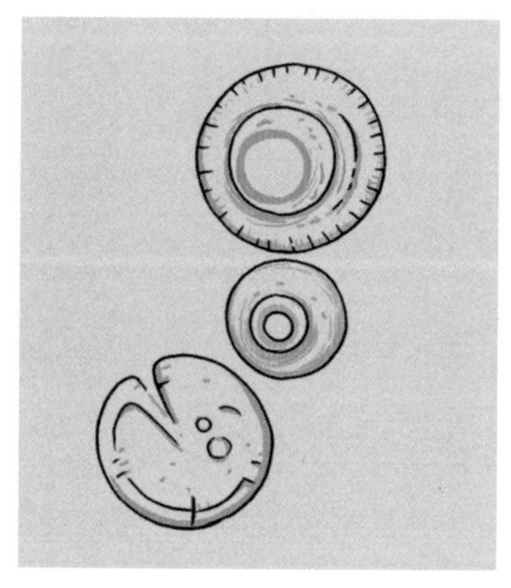

막 구조가 있는 마이크로스피어

는 과정이 세포 소기관들의 최초의 협력이었을 것이다' 라는 것입니다.

RNA와 폴리펩타이드 간의 상호 협력 관계가 원시 지구에서 빈번히 일어났었다고 생각해 보세요. 바다에는 RNA와 폴리펩타이드 외에도 많은 고분자 유기물들이 있었을 것입니다. 그중 어떤 폴리펩타이드는 액체 물질이 채워진 구 모양으로 형성될 수도 있었고, 현재의 세포막과 유사한 특성을 나타낼 수도 있었겠지요.

다시 말해, 주위의 다른 폴리펩타이드를 흡수하기도 하고, 크기가 커지기도 하며, 너무 크기가 커지면 나누어지기도 했다는 겁니다. 이런 특성을 가진 어떤 막이 RNA와 폴리펩타이드 분자들을 둘러싸서 막의 내부에 포함시키게 된다면, 이

과학자의 비밀노트

폴리펩타이드(polypeptide)

폴리펩타이드는 '많이' 라는 뜻을 가지고 있는 접두어 폴리(poly)와 펩타이드(peptide)가 결합된 단어로 '펩타이드 결합이 많은' 이란 뜻을 가지고 있다. 여기서 펩타이드 결합이란 단백질의 최소 단위인 아미노산들의 결합을 의미한다. 폴리펩타이드는 여러 개의 아미노산이 사슬 모양의 펩타이드 결합으로 길게 연결된 것으로, 보통 분자량이 작은 단백질을 가리킬 때 쓰인다.

것은 지금의 세포 구조와 매우 흡사한 구조를 갖게 된 중요한 사건이라고 볼 수 있습니다.

그런 측면에서 볼 때, 폭스가 실험실에서 만들었던 마이크로스피어는 현재 과학자들이 설명하는 세포의 출현 과정에서 결정적인 역할을 했을 것으로 추정되고 있습니다.

폭스 실험의 한계

여러분은 지난 시간에 원시 대기 환경을 가정하여 단순한 유기물을 합성한 밀러의 실험에 대한 한계를 생각했을 거예요. 같은 맥락으로 폭스가 실시한 실험에 대해서도 몇 가지 한계점이 있다고 주장하는 과학자들이 있습니다.

1970년, 〈화학 공학 뉴스(Chemical Engineering News)〉에서 몇몇 과학자들은, 실험실에서 만들어진 프로테노이드는 생명체에 실제 존재하는 단백질과 유사성이 거의 없으므로 '쓸모없는 화학적 결합물' 이라는 내용의 글을 실었어요.

또한, 1978년에는 폭스가 말한 단백질과 핵산의 형성 과정에 의문이 제기됩니다. 이 물질들이 합성되려면 먼저 물 분자가 제거되는 과정을 거쳐야 하는데, 원시 지구의 바다에서 과연 이런 일이 일어날 수 있느냐는 것이 의문이었죠.

그리고 폭스의 실험이 갖는 또 다른 한계는 처음에 아미노산이 만들어지려면 물이 있어야 하는데, 프로테노이드가 형성될 때는 물이 없어야 하고, 다시 마이크로스피어가 만들어지려면 물이 있는 환경이어야 한다는 것입니다. 물의 존재 유무와 관련된 일련의 연속적 과정이 어떻게 가능했는지에 대해서도 정확히 설명되지 않는다는 것이죠. 이런 연속적 반응이 원시 지구의 환경에서는 일어날 가능성이 희박하다는 점은 밀러도 인정했습니다.

고분자 유기물의 형성 과정과 원시 세포가 형성되는 과정은 각각 따로 실험으로 재현되었어요. 그러나 안타깝게도 위에서 제기한 몇몇 한계를 지니고 있다는 것을 인정하지 않을 수 없었어요.

많은 과학자들이 가설을 세우고 그 가설을 검증하기 위해 실험을 해 오고 있지만 먼 과거에 일어난 일이니 어떻게 그 진실을 확인할 수가 있겠어요? 내가 지난 시간에 이야기했듯이 '지구에 어떻게 생명체가 나타나기 시작했을까?' 라는 질문에 현재로서는 그 누구도 명쾌하게 대답할 수는 없답니다.

하지만 이런 모든 과정이 증거와 실험을 통해 검증만 된다면 비로소 과학적 원리로 자리 잡게 될 테니 너무 실망하지

마세요. 여러분도 장차 관심을 가지고 이 모든 궁금증을 해결하는 과정에 참여할 수 있길 바랍니다.

이제부터 우리는 초기의 원시 세포가 어떤 과정을 통해 지금의 형태가 되었는지에 대한 질문을 과학자들이 어떻게 해결하고 있는지 알아보도록 할게요. 다음 시간에는 세포의 첫 번째 형태였을 것으로 생각되는 원핵 세포에 대해 알아보기로 하겠습니다.

만화로 본문 읽기

어떻게 단순한 유기물이 복잡한 체제를 가진 생명체가 되었을까요?
단순한 유기물에서 수분이 증발하고 남은 물질들이 고분자 유기물로 바뀌는데, 이것이 마이크로스피어지요.
증발
마이크로스피어

그리고 길버트는 그 고분자 유기물 가운데 최초의 핵산은 짧은 가닥의 RNA였을 것이라는 주장을 했지요.
최초의 세포가 등장하기 전까지 지구는 DNA가 아닌 RNA에 의해 지배되었을 것입니다.
길버트

짧은 가닥의 RNA는 효소의 도움 없이도 복제가 가능하기 때문인데, 이 가설이 바로 RNA 세계(world) 가설이에요.
하지만 세포가 만들어지려면 세포막이 있어야 하지 않나요?
세포막
동물 세포

네, 그래요. 미국의 폭스는 아미노산을 높은 온도로 가열하여 프로테노이드라는 단백질을 만들었는데 물에 담그면 코아세르베이트처럼 덩어리를 형성하는 성질이 있었지요.
코아세르베이트
폭스

즉, 원시적인 세포의 막이 될 수 있었다는 뜻이죠.
아, 그렇게 생성된 어떤 막이 RNA와 폴리펩타이드 분자들을 포함시킨다면 지금의 세포 구조와 매우 흡사한 구조를 갖게 되겠군요.
막 구조가 있는 마이크로스피어

네, 그렇죠. 하지만 이 가설도 프로테노이드는 실제 생명체의 단백질과 유사성이 거의 없고 아미노산과 마이크로스피어는 물이 있어야 만들어지지만 프로테노이드는 물이 없어야 한다는 문제 등이 있어요.
음, 역시 정말 어려운 문제이군요.

6

원핵 세포의 진화

원핵 세포의 등장 이후 출몰한 생명체들에 대하여 알아봅시다.

여섯 번째 수업

원핵 세포의 진화

오파린이 처져 있던 어깨를 활짝 펴며,
여섯 번째 수업을 시작했다.

원핵 세포에 대하여

사실 나, 오파린은 지난 수업 시간에 너무 많은 내용을 강의하느라 조금 지쳐 있었답니다. 그런데 다소 어려울 수도 있는 내용을 훌륭히 소화해 내고 다시 학구열에 불타오르고 있는 여러분을 보니 나도 모르게 힘이 불끈불끈 솟는군요. 이번 시간에는 무엇을 배우기로 했었는지 기억이 나나요?

＿ 원핵 세포에 대해 알아보기로 했어요.

역시 학구열과 기억력은 비례하는 모양이군요! 자, 원핵 세

포에 대해 알아보기 전에 내가 들고 온 그림들을 같이 살펴봅시다. 여러분이 보고 있는 이 그림은 무엇을 나타낸 것이라고 생각하나요?

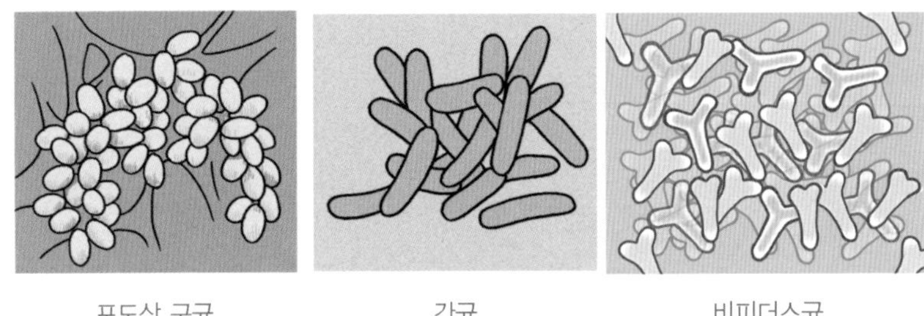

| 포도상 구균 | 간균 | 비피더스균 |

　＿ 벌레들이 낳은 알 같기도 하고, 뼈다귀 같기도 해요.
　＿ 제가 보기엔 먼지를 확대한 것 같아요.

네, 무엇인가를 확대한 것은 맞습니다. 이 그림 속 주인공들은 원핵생물인 세균들이랍니다. 우리 주변 곳곳에 흔히 존재하지요. 그 모양도 다양해서 포도상 구균은 둥그런 구형이고, 대장균은 막대형이며, 비피더스균은 Y자형입니다.

원핵생물은 현미경과 같은 도구를 이용해야 그 형태를 알 수 있을 정도로 대부분 너무 작아서 우리의 눈으로 직접 관찰할 수 없어요. 하지만 그 숫자만 본다면 지구에 살고 있는 생명체 중 가장 번성한 생물로 볼 수 있습니다.

여러분의 장 속에 '세균들의 대장' 인 대장균이 있다는 말을 들어보았지요?

__ 우리 몸속에 세균들이 살고 있다고요?

__ 우리 몸에 세균이 있다는 것은 병에 걸렸다는 뜻 아닌가요?

__ 뉴스에서 들었는데요, 음식물에서 발견되는 대장균이 식중독의 원인이라고 했어요.

물론 질병을 일으키는 세균들도 있습니다. 그러나 김치나 된장같이 전통 발효 식품에도 세균이 많이 들어 있어요. 김치나 된장이 외국인들 사이에서 건강 식품으로 인기가 있다는 말을 들어보았나요?

___된장에 있는 어떤 세균들은 암 예방 효과가 있다고 들었던 것 같아요.

그렇습니다. 세균이라고 해서 모두 우리에게 나쁜 영향만을 주는 것은 아니랍니다. 더구나 우리 장 속에 사는 대장균은 병을 일으키기보다는 오히려 다른 유해 세균의 번식을 막아 주는 유익한 일을 하기도 하죠.

세균의 수는 지금까지 살아온 인류의 수보다 훨씬 많고, 심지어는 사람의 몸을 구성하는 세포의 수를 모두 더한다고 해도 그 수를 능가하지 못한다고 해요. 그러니 얼마나 많은 수의 세균, 즉 원핵생물들이 지구에 존재하는지 상상할 수 있겠어요?

과학자들은 최초의 세포가 원핵 세포와 비슷하게 생겼을 것으로 생각하고 있습니다. 현재 관찰되는 원핵 세포의 가장 큰 특징이라 한다면 '핵막'을 포함한 세포 내 뚜렷한 막 구조가 없다는 것입니다.

화석의 기록을 근거로 추정해 보면, 원핵생물은 약 38억 년 전에 이미 지구에 번성했고, 그 후 20억 년 동안 지구 유일의 생명체였을 것으로 생각됩니다. 실제로 원핵생물은 생명체가 있을 만한 곳이면 어디에서나 발견될 만큼 흔하며, 가장 추운 지역에서부터 가장 더운 곳까지 어떤 환경에서도

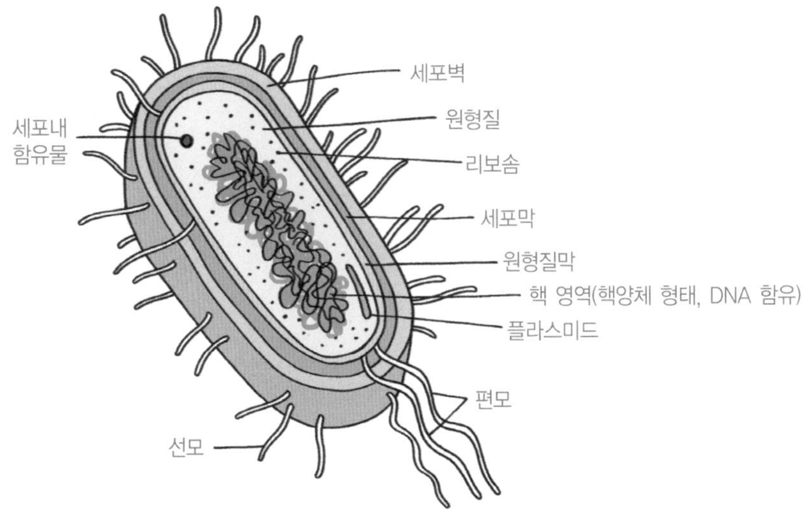

원핵 세포의 모식도

생존할 만큼 다양한 환경에 잘 적응해 오고 있어요. 초기 지구에서 유일한 생명체로 존재했던 원핵생물이 현재는 크고 작은 생물체에도 기생하는 최고의 생존 능력을 보이고 있으며, 앞으로도 계속 번성해 나갈 것으로 예상됩니다.

종속 영양 생물과 독립 영양 생물의 출현

여러분, 내가 원시 지구 대기는 어떤 특징이 있다고 했었죠?

　＿ 환원성 대기로 되어 있었어요.

　＿ 산소가 없었어요.

　＿ 현재 지구와는 많이 달랐어요.

　그래요, 난 원시 지구 대기는 산소가 거의 없고, 수소, 헬륨, 메테인, 아르곤, 암모니아와 같은 기체로 가득한 '환원성 대기'라고 했었어요.

　＿ 선생님, 그런데 산소가 없으면 생물체가 어떻게 살아가나요?

　＿ 산소가 없으면 숨을 쉴 수 없었을 텐데…….

　네, 맞아요. 그래서 산소가 없었던 원시 지구의 대기에는 산소가 있어야만 살 수 있는 생명체는 없었을 것으로 추정하고 있습니다. 원시 생명체는 산소가 없는 환경에서 살았으므로, 바다에 풍부하게 존재하는 유기물을 분해하여 에너지를 얻었을 것으로 생각하고 있어요.

　산소를 이용하지 않고 유기물을 분해하여 에너지를 방출하는 것을 무기 호흡(anaerobic respiration)이라고 하고, 스스로 유기물을 생산하지 못하고 바다의 풍부한 유기물을 이용해서 살아가는 원시 생명체를 종속 영양 생물(heterotrophs)이라고 한답니다. 초기의 원시 생명체는 산소가 없어도 에너지를 얻을 수 있는 코아세르베이트나 마이크로스피어에서 기원된 종속 영양을 하는 원핵생물이었을 것입니다.

그런데 시간이 지나면서 지구에는 변화가 찾아왔어요. 지구의 온도가 점차 낮아지기 시작한 거죠. 지구가 점점 식으면서 유기물이 만들어지는 양도 감소하였지요. 뿐만 아니라 종속 영양 생물들이 유기물을 계속 소모함에 따라서 바다에 풍부하게 존재했던 유기물의 양은 점점 줄어들게 되었어요. 결국, 생명체들은 자신들이 살기 위해 더 많은 유기물이 필요하게 되었답니다.

＿ 그 당시 유기물이 줄어들었으면 원시 생명체들은 어떻게 살았나요?

＿ 에너지를 얻을 수 없어서 모두 죽을 수밖에 없었을 것 같아요.

여러분의 궁금증을 해결하기 위해 과거 지구에서 벌어졌던 환경의 변화 과정을 진화적 관점에서 한번 생각해 볼게요.

늘어난 종속 영양 생물들 사이에서는 경쟁이 일어났을 것입니다. 경쟁에서 살아남기 위해 유기물을 더 효율적으로 이용하거나 스스로 유기물을 만들 수 있는 독특한 대사 작용을 가지고 있는 생물이 자연 선택될 수밖에 없었겠죠. 이런 과정에서 독립 영양 생물이 번성하게 된 것입니다.

독립 영양 생물(autotrophs)이란, 유기물을 스스로 합성해

서 에너지를 얻는 생물을 말합니다. 독립 영양 생물은 공기 중의 이산화탄소를 자신에게 필요한 유기물로 전환할 때 에너지가 필요한데, 그것은 주로 햇빛, 황화수소, 황, 철분 등을 이용했을 것으로 생각되고 있습니다.

이렇게 이용하는 에너지원을 기준으로 독립 영양 생물의 종류를 분류할 수 있답니다. 햇빛을 이용해서 유기물을 얻는 독립 영양 생물을 광독립 영양 생물(photoautotrophs)이라

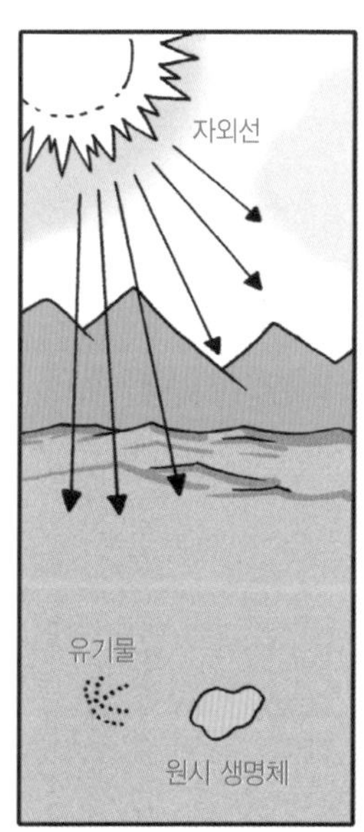

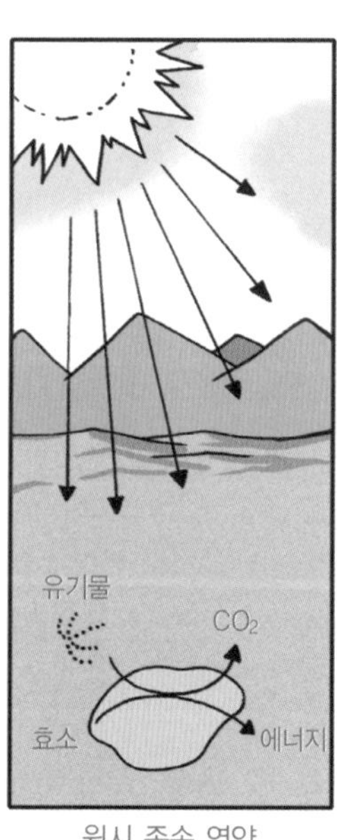

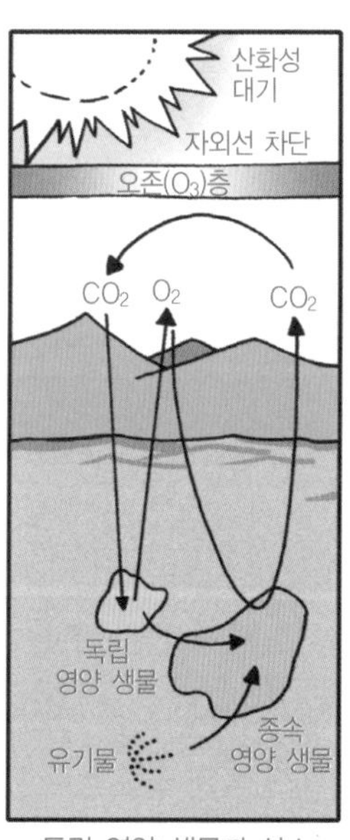

유기물과
원시 생명체 생성

원시 종속 영양
생물의 출현

독립 영양 생물과 산소
호흡 종속 영양 생물의 출현

대기 변화에 따른 원시 생명체의 진화 모식도

고 하며, 황화수소나 황, 철분 등을 이용해서 에너지를 얻는 독립 영양 생물을 화학 독립 영양 생물(chemoautotrophs)이라고 해요.

독립 영양 생물의 탄생 증거는 약 35억 년 전에 형성된 것으로 생각되는 스트로마톨라이트(stromatolites)에서 찾을 수 있습니다. 스트로마톨라이트는 원핵생물이 퇴적물에 얇은 막으로 결합하면서 형성된 여러 층으로 이루어진 암석을 말하는데, 따뜻하고 얕은 바닷물에서 발견됩니다. 그들은 이산화탄소를 유기물로 전환할 수 있었으며, 이 과정에 빛과 황화수소를 이용하였어요.

이런 작용은 광합성과 매우 유사한 것으로, 스트로마톨라이트는 결국 최초의 광합성 세균인 독립 영양 생물이었을 것으로 추측하고 있지요. 그러나 충분한 양의 햇빛과 황화수소를 제공할 수 있는 장소는 한정되어 있었을 것이므로 그 시기가 언제였는지는 정확하게 추정하지 못한답니다.

물에서 수소를 공급받아 광합성을 하는 원시 남조류도 그 당시에 출현했을 것으로 생각하고 있어요. 남조류는 현재도 발견되고 있는데, 태양 에너지와 물을 이용하여 광합성을 할 수 있지요.

이 원핵생물들의 광합성으로 만들어진 산소는 대기 중으로

방출되었을 것이고, 대기 중의 산소량은 점차 증가하게 되었겠죠. 증가된 대기 중 산소에 잘 적응하지 못했던 생물들은 일부 멸종이 되기도 했을 거고요.

__ 산소 때문에 생물이 죽게 되다니요? 산소는 생물이 살아가는 데 꼭 필요한 것 아닌가요?

__ 우리는 산소가 있어야만 숨을 쉴 수 있잖아요.

산소가 모든 생물체에 해롭다는 뜻은 아니랍니다. 산소는 현재 지구에 사는 생물이 살아가는 데 없어서는 안 될 매우 중요한 기체이지만, 산소 없이도 살 수 있는 생물들이 살았던 과거에는 산소가 오히려 독이 되었을 수도 있었을 거라고 생각하는 거죠.

지구 상의 생명체들은 시간이 지남에 따라 더 복잡해진 것

스트로마톨라이트

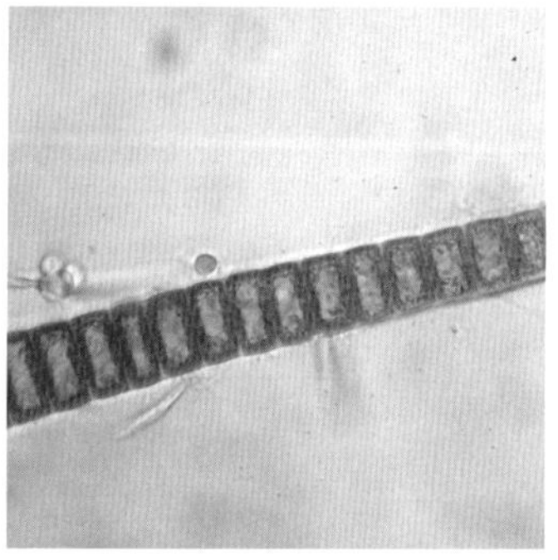

원시 남조류

 오파린이 들려주는 생명의 기원 이야기

같습니다. 종속 영양 생물에서 출발하여 이산화탄소를 이용할 수 있는 독립 영양 생물이 나타났고, 산소를 이용할 수 있는 독립 영양 생물도 생겨났으니 말입니다. 에너지를 얻는 과정이 다양해지면서 지구의 생명체는 원시 지구보다는 훨씬 다양해졌을 것입니다.

그러나 자연 선택에 의해 산소에 보다 더 잘 적응하는 생명체가 나타나면서 그 당시 지구 상의 생명체는 우리가 생각하는 것보다 훨씬 더 다양했을지도 모르겠습니다. 단지 이런 과정이 최소 약 20억 년 정도에 걸쳐 일어난 것으로 추정할 뿐입니다. 그 과정에서도 분명한 것은 산소를 발생시키는 독립 영양 생물들의 등장으로 인해 지구의 대기는 오늘날과 같이 산소가 풍부한 상태가 되었을 거라는 것이지요.

생물의 육상 진출과 유기 호흡 종속 영양 생물의 출현

여러분 오존(O_3)이라는 말을 들어본 적 있나요?
__ 과학 시간에 오존이 지구를 보호하는 층을 구성하고 있기 때문에 그 오존층이 파괴되면 인간에게 나쁜 영향을 끼친다고 배웠어요.

오존은 상수도 소독, 살균, 탈취제로 이용하는 일종의 소독약에 쓰이며, 독성이 있는 물질입니다. 우리 인체에도 유독하게 작용해서 장시간 동안 흡입하면 눈, 코, 목을 자극하고 때로는 사망에까지 이르게 하죠. 하지만 한편으로 오존은 지상에서 약 20~25km의 높은 곳에 위치하여 지구 상의 생명체를 지켜주는 매우 유익한 물질이기도 합니다.

일반적으로 지상에서 떨어진 곳에 20km 정도의 두께로 존재하고 있는 이것을 '오존층'이라고 하는데, 태양에서 오는 강한 자외선을 흡수하여 지구에 사는 생물들이 자외선으로부터 피해를 입지 않게 해 줍니다.

독립 영양 생물의 등장으로 대기에는 산소가 풍부해졌고, 이로 인해 오존층의 형성이 가능해졌답니다. 오존층의 형성으로 인해 바닷속에서만 생활하던 원시 지구의 생물체들은 물 위에서 생존이 가능하게 되었지요.

대기 중 산소량의 증가는 이를 이용해 유기물을 분해하여 에너지를 얻을 수 있는 종속 영양 생물이 출현할 수 있는 환경을 마련해 주었습니다. 다시 말해서 산소 호흡 종속 영양 생물이 출현하게 된 것이지요.

생물이 산소를 이용하여 유기물을 분해하는 것을 유기 호흡(aerobic respiration)이라고 합니다. 유기 호흡은 무기 호흡에 비해 에너지 효율이 높은 호흡 방법이므로 과학자들은 유기 호흡 종속 영양 생물은 무기 호흡 생물에 비해 빠른 속도로 번성했을 것으로 생각합니다.

원시 지구의 대기가 환원성 대기 상태에서 산소가 풍부한 산화성 대기로 바뀌면서 산소에 민감한 생명체는 멸종하게 되었고, 점차 유기 호흡을 하는 종속 영양 생물이 번성하게 되었을 거예요. 또한 산화성 대기는 유기 호흡이 가능한 생명체를 탄생시켰고, 이 과정에서 진핵 세포가 등장했을 것으로 생각하고 있답니다.

노파심에서 여러분이 오해해서는 안 될 원핵생물의 진화

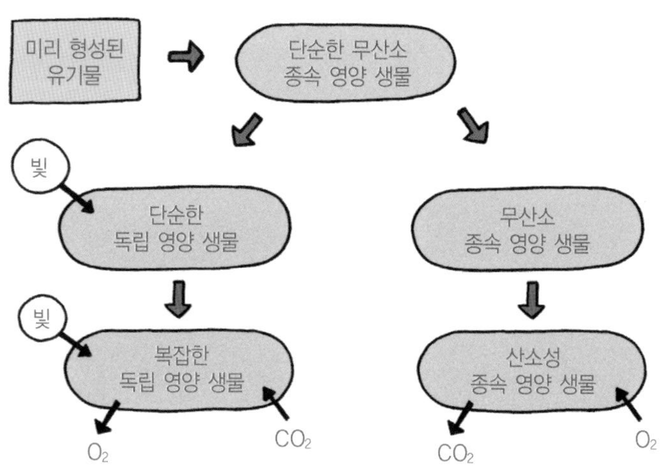

세포의 진화 과정

과정에 대한 설명을 한 가지 덧붙입니다. 생물이 원핵생물로부터 출발해서 진화를 거칠 때, 이전 단계의 생물들이 모두 다음 단계의 생물로 진화되는 것은 아니라는 거예요. 만약 전 단계에 있던 생물들이 모두 다음 단계의 생물로 진화했다면 현재에는 원핵생물이 발견되지 않아야겠지요.

오늘날 존재하는 대부분의 생물을 구성하는 세포들은 지금까지 말한 원핵 세포보다는 그 형태가 대단히 복잡합니다. 화석의 기록을 보면 원핵 세포가 진화하고 난 뒤 17억 년이 지나서 복잡한 진핵 세포가 나타난 것으로 확인됩니다. 다음 시간에는 이 진핵 세포에 대해서 알아보도록 하지요.

만화로 본문 읽기

와! 이게 원핵 생물이군요.
과학자들은 원시 생명체는 코아세르베이트나 마이크로스피어에서 기원된 종속 영양을 하는 원핵생물이었을 것으로 추정하고 있답니다.

하지만 원시 지구엔 산소가 없다고 하지 않으셨나요?
네. 그래서 원시 생명체는 바다의 유기물을 분해하여 에너지를 얻는 종속 영양 생물체라고 생각하고 있죠.
우리는 산소가 없어도 바다의 많은 유기물을 분해해서 에너지를 얻지.
종속 영양 생물

하지만 한정된 유기물의 양은 점점 줄어들게 되었고, 그로 인해 햇빛, 황화수소, 황, 철분 등을 이용해 스스로 유기물을 만들 수 있는 독립 영양 생물이 번성하게 되었을 거예요.
난 햇빛을 이용해 유기물을 얻어.
난 황화수소, 황, 철분 등을 이용하지.
광독립 영양 생물
화학 독립 영양 생물

그런 과정에서 스트로마톨라이트 같은 독립 영양 생물의 광합성과 유사한 작용으로 만들어진 산소가 대기 중으로 방출되었을 것이고, 대기 중의 산소량은 점차 증가하게 되었을 거예요.
드디어 산소가!!
스트로마톨라이트 화석

그 후 대기에 산소가 풍부해지면서 산소 호흡 종속 영양 생물이 출현하게 되고 또한 오존층의 형성이 가능해지면서 생물체들은 물 밖에서도 생존이 가능하게 된 것이죠.
O₂
오존층

결과적으로 산소에 민감한 생명체는 멸종하게 되었고, 점차 산소 호흡을 하는 종속 영양 생물이 번성하게 되었을 거예요. 이 과정에서 진핵 세포가 등장했을 것으로 생각되지요.
그렇게 진핵 세포가 등장하게 되었군요!

7

진핵생물과 다세포 생물의 출현

진핵 세포를 알아보고, 진핵생물과 다세포 생물의 출현에 대해 알아봅시다.

진핵생물과 다세포 생물의 출현

<table>
<tr><td>교.
과.
연.
계.</td><td>중등 과학 1
중등 과학 3
고등 과학 1
고등 생물 II</td><td>4. 생물의 구성과 다양성
8. 유전과 진화
3. 생명의 진화
4. 생물의 다양성과 환경</td></tr>
</table>

오파린이 진핵 세포의 모식도를 제시
하면서 일곱 번째 수업을 시작했다.

여러분, 지난 시간에 우리는 오늘 무엇을 배운다고 했었지
요?

__ 진핵 세포에 대해서 배운다고 했어요.

진핵 세포에 대해 배우기 전에 지난 시간에 배웠던 원핵 세
포에 대해 기억나는 특징들을 이야기해 볼까요?

__ 세균이 원핵 세포에 속하는데, 그 수가 굉장히 많아요.

__ 세포 내에 뚜렷한 막 구조가 없어요.

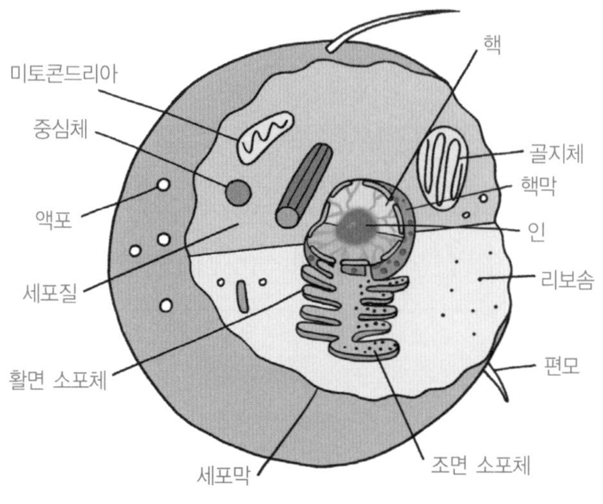

진핵(동물) 세포의 모식도

그래요. 잘 대답했어요. 그렇다면 오늘 배우게 될 진핵 세포에는 원핵 세포에는 없던 세포 내 막 구조가 있을 수도 있겠군요.

오늘은 원핵 세포가 등장한 뒤 17억 년이 지나서 나타난 이 진핵 세포에 관해 이야기할게요. 위의 모식도를 보면 진핵 세포는 원핵 세포보다 훨씬 복잡해 보이죠?

진핵 세포는 원핵 세포와 마찬가지로 세포막으로 둘러싸여 있어 주변의 환경과 격리되어 있고, 막 내부에는 반유동성의 세포질이 들어 있어요. 세포질에 세포 소기관들이 모두 존재하지요.

단백질을 만드는 소기관인 리보솜이 진핵 세포에도 보이네요. 원핵 세포에서도 리보솜이 있었지요? 진핵 세포와 원핵 세포가 공통적으로 가지고 있는 세포 소기관들이 바로 원형질막, 세포질, 리보솜 등이에요. 하지만 진핵 세포에는 원핵 세포에 없는 세포 소기관들이 많이 존재하는군요.

진핵 세포에는 원형질막뿐만 아니라 세포 내부를 구분 짓고, 세포 소기관을 둘러싸고 있는 세포 내막이 발달해 있어요. 원핵생물에서는 세포 내에 막 구조가 전혀 없었지요? DNA를 둘러싸는 핵막도 없이 세균의 DNA의 경우를 보면 그냥 핵양체로 존재하지요.

원핵생물과 비교했을 때 진핵생물의 가장 뚜렷한 차이점은 바로, DNA가 들어 있는 핵이 핵막으로 둘러싸여 있다는 것입니다. 그것도 단층이 아니라 이중층으로 말이죠.

진핵 세포의 막 구조는 세포 내에서 네트워크의 기능을 수행하는 소포체와 세포에서 만든 합성물을 분비하는 골지체, 그리고 세포 내에서 소화를 담당하는 리소좀에 이르기까지 모두 시스템적으로 연결되어 있어요. 막은 생명을 유지시킬 수 있는 에너지를 생산하는 미토콘드리아에도 있습니다. 식물 세포에만 있는 엽록체에도 막이 있지요. 그 밖에 진핵 세포에는 세포의 형태를 유지시키고 움직일 수 있도록 도와주

는 세포 골격이 있다는 것이 원핵 세포와는 다르지요.

그렇다면 생명체 중에는 원핵 세포로 이루어진 것들이 있고 진핵 세포로 이루어진 것들이 있을 텐데, 진핵 세포를 가지고 있는 생물체의 종류에는 어떤 것들이 있을까요?

__ 눈에 보이지 않는 작은 세균 같은 것들이 원핵 세포로 이루어져 있다고 하셨으니까, 진핵 세포로 이루어진 생물들은 왠지 우리 눈에 보이는 큰 동물들이 아닐까요?

네, 맞아요. 진핵 세포로 이루어진 생물은 크게 두 종류로 구분됩니다. 사람이나 동물의 몸속에 있는 동물 세포와 식물체를 구성하는 식물 세포가 그것이지요.

동물 세포와 식물 세포는 차이가 있습니다. 리소좀, 중심체, 편모 등의 구조는 동물 세포에만 포함되어 있고 식물 세포에는 없답니다. 식물 세포에는 여러분이 잘 알고 있는 광합성을 하는 엽록체가 있지요. 동물 세포에는 없고요. 만약 사람에게도 엽록체가 있다면 어떻게 될까요?

__ '슈렉'처럼 우리 몸이 녹색을 띠게 될 것 같아요.

__ 인간도 광합성을 해서 음식을 먹지 않고도 살 수 있을 것 같아요.

네, 맞아요. 엽록체에 들어 있는 색소 때문에 우리 몸이 온통 녹색을 띠겠지요? 녹색 인간이 되는 것이지요, 하하하. 그

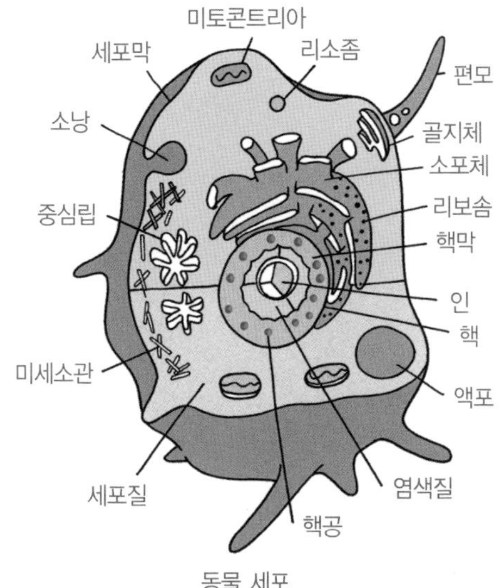

동물 세포

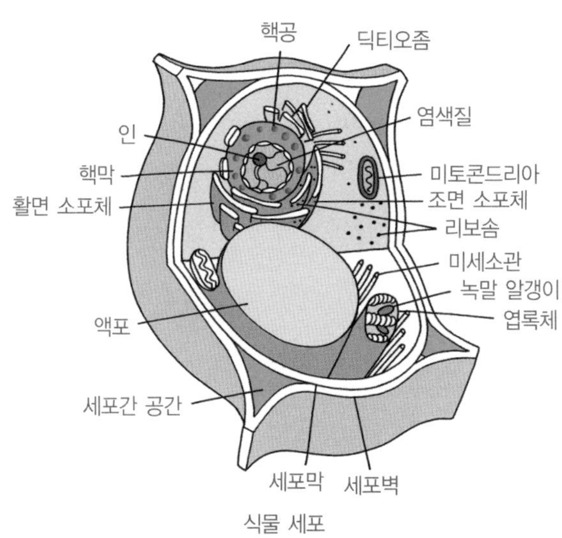

식물 세포

동물 세포와 식물 세포의 모식도

리고 음식을 먹지 않아도 살 수가 있으니 참 편할 것 같아요.

그러나 한편으로 생각을 해보면, 바나나와 같이 맛있는 음식을 먹을 때의 행복감을 맛볼 수가 없겠네요. 그런 상상을 하고 보니, 우리가 동물로 세상에서 살아간다는 것이 이렇게 고마울 수가 없네요.

진핵생물의 출현

여러분, 최초의 생명체는 어떤 모습을 하고 있었을까요?

＿음, 지금과는 많이 다를 것 같긴 하지만, 원핵 세포와 유사한 형태가 아니었을까요?

네, 구체적으로는 상상이 잘 안 가겠지만, 아마도 최초의 생명체는 오늘날의 원핵 세포처럼 단순한 구조로 되었을 거예요. 그런데 어떻게 이 단순한 구조였던 원핵 세포가 막으로 둘러싸인 세포 소기관을 포함하는 복잡한 구조의 진핵생물로 진화하게 되었을까요?

여기에 대한 구체적인 답을 하려면 아직 과학자들이 더 연구를 해야 하겠지만, 많은 과학자들이 분명하게 밝히고 있는 생각은 원핵생물과 유사한 구조를 갖는 원시 생명체로부터 진핵생물이 진화했을 것이라는 점이에요. 지금부터 진핵생물이 어떻게 나타나게 되었는지 설명하겠습니다.

현재 발견된 진핵생물의 화석 중 가장 오래된 것이 약 21억 년 전의 것이라고 해요. 진핵 세포는 세포 골격이 있다고 했었죠? 이 세포 골격에 의해 세포의 형태 변형이 가능하고 다른 세포를 집어삼킬 수도 있습니다. 여기에 초점을 두어 단순한 구조의 원핵생물에서부터 복잡한 구조의 진핵생물이 진화하게 된 과정을 설명하는 두 가지 가설을 소개하겠습니다. 바로 '세포 내 공생설'과 '막진화설'이랍니다.

좀 어려울 것 같다고요? 걱정하지 말고 잘 들어보세요. 아마 내 설명을 잘 들으면 그 가설들을 잘 이해할 수 있을 거예요. 먼저 '세포 내 공생설'부터 설명해 볼게요.

세포 내 공생설은 다시 '내부 공생'과 '연속 내부 공생'의 두 과정으로 구분해서 설명할 수 있어요. 먼저 내부 공생이란 많은 과학자들이 설명해 온 가설인데, 현재 진핵 세포 내에 존재하는 미토콘드리아와 엽록체가 원래는 각각 하나의 생명체인 작은 원핵 세포였다는 겁니다.

미토콘드리아와 엽록체의 원핵생물 조상이 우연히 숙주 세포인 한 세포에 들어가게 되었는데, 숙주 세포에서 소화가 되지 않았고, 세포 내부에서 내부 기생자로 살아가다가 나중

에는 그 숙주 세포와 서로 공생 관계를 유지하면서 지내게 되었을 것이라는 가설입니다. 시간이 지남에 따라 점점 서로가 없이는 대사 작용을 포함한 생명 현상을 유지할 수가 없게 됨으로써 결국 하나의 세포 형태로 고착된 것이지요.

여기서 내부 기생자란 다른 숙주 세포 안에서 살고 있는 세포를 일컫는 말이랍니다. 그중에서 숙주 세포 내에서 살면서 서로 이익이 되는 공생 관계를 유지하는 것을 '내부 공생자'라고 하고요. 오른쪽 페이지의 그림을 보면서 이야기해 볼까요?

그림은 혐기성(산소가 없는 상태에서 생명 활동을 할 수 있는 성질) 숙주가 내부 공생자인 호기성(산소가 있는 곳에서만 생명 활동을 할 수 있는 성질) 세균을 삼키는 장면과 종속 영양 숙주가 광합성을 하는 내부 공생자인 광합성 세균을 삼키는 장면입니다. 숙주는 내부 공생자인 호기성 세균과 광합성 세균이 살 수 있도록 장소를 제공하고, 그들로부터 이익을 얻으면서 살게 되었지요. 내부 공생자도 숙주에게서 살아갈 장소를 제공받으면서 숙주에게 이익을 돌려줌으로써 서로 윈윈(win-win) 전략을 펼치게 된 것이죠.

우리도 지금 윈윈 전략을 펼치고 있는 것 같은데요. 나는 여러분에게 내가 알고 있는 지식을 전달해 줌으로써 보람을

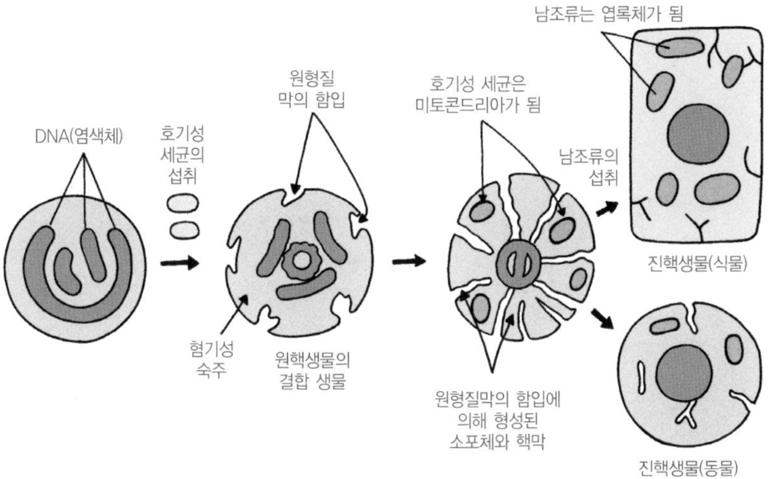

내부 공생

느끼고, 여러분은 내가 들려주는 생명의 기원에 대한 지식을 배움으로써 궁금증을 해소한다면 우리도 서로 공생 관계에 있는 것이 아닐까요?

__ 맞아요. 선생님이 숙주이고, 저희가 내부 공생자인 것 같네요.

하하하, 그렇게 생각한다니 내부 공생설에 대한 의미를 잘 이해하고 있는 것 같습니다. 그런 의미에서 '연속 내부 공생'에 대한 설명을 마저 하는 것이 좋겠습니다.

연속 내부 공생은 말 그대로 내부 공생이 연속적으로 일어

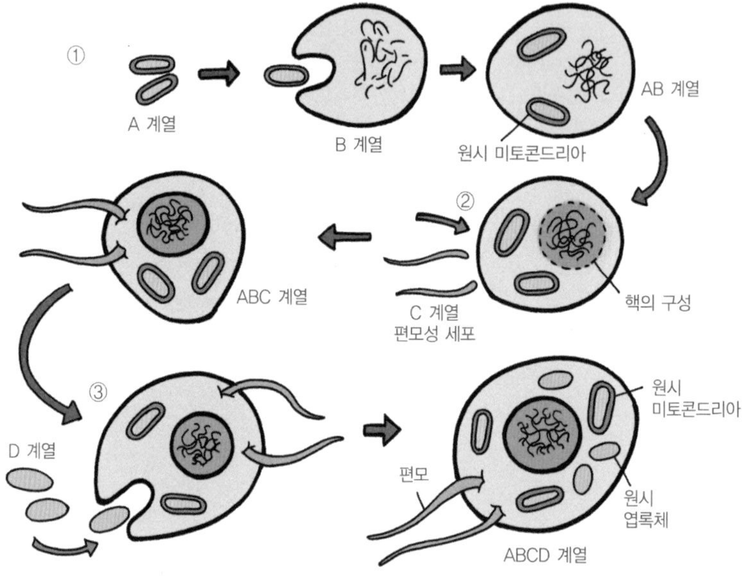

연속 내부 공생 과정

나는 것을 말하는 거예요. 예를 들면, 식물 세포의 경우 미토
콘드리아가 들어가게 된 내부 공생이 한 번 일어난 뒤 연이어
엽록체가 세포 내로 들어가게 된 내부 공생 과정을 한 번 더
거쳤다는 것이지요. 위의 그림을 참고해서 보면 잘 이해할
수 있을 거예요. 내부 공생을 알고 나니 연속 내부 공생을 이
해하는 것은 훨씬 쉽죠?

자, 그럼 이제 '막진화설'에 대해서도 알아봅시다.

막진화설은 세포 내 공생설에서 이야기한 미토콘드리아와

엽록체를 제외한 다른 세포 소기관에 해당되는 이야기입니다. 진핵 세포의 가장 큰 특징이 뭐라고 했었죠?

＿ 막으로 둘러싸인 세포 소기관이 있다는 점이요.

맞아요. 잘 기억하고 있네요. 아래의 그림에서 보는 바와 같이 이러한 진핵 세포의 막 기관들은 원핵 세포의 원형질막이 안으로 함입(세포층의 일부가 안쪽으로 파고들어 그곳에서 새로운 층을 만드는 현상)되어 겹쳐짐으로써 생겨난 것들이에요. 원형질막이 함입되어 먼저 핵막과 소포체를 형성하였고, 여기서 형성된 소포체로부터 골지체와 다른 내막 구조가 진화되었다는 것이죠. 세포 내 공생설과는 다른 방법, 즉 막진화

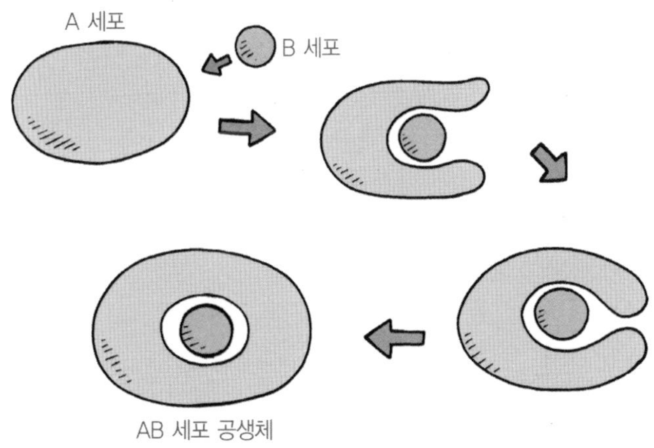

세포 내에 막이 함입되는 과정

설에 의해서도 세포 소기관들이 만들어졌다는 점을 이해하길 바랍니다.

다세포 생물의 기원

첫 진핵 세포가 출현한 후 수많은 단세포 생물들이 분화되어 나오고 계속 번성하면서 다양한 단세포 진핵생물들이 나타나게 되었어요. 이어서 조류, 식물, 균류, 동물 등과 같은 다세포 형태를 가지는 다양한 생물들도 나타났지요. 많은 과학자들은 작은 조류와 같은 다세포 진핵생물은 화석 기록으로 보아 12억 년 전에 출현한 것으로 생각하고 있어요.

지금으로부터 약 7억 5천만 년 전부터 5억 8천만 년 전까지의 기간에 지구는 오랜 빙하 시대를 겪었어요. 모든 세상이 눈과 얼음으로 뒤덮여 있어서 많은 생물들이 생존하기가 힘들었어요. 그래서 이 시기에는 다세포 생물의 크기와 다양성이 제한되어 있을 수밖에 없었지요. 하지만 빙하기가 끝난 후 3천만 년 동안은 다양한 다세포 생물들이 출현했답니다.

5억 4천 2백만 년 전에는 '캄브리아기 대폭발'이라는 사건이 발생하였습니다. 이 시기에 만들어진 화석들에는 현존하는 많은 동물 '문(생물 분류 단위의 하나로 '강'의 위이고, '계'의 아래이다)'의 흔적을 발견할 수 있지요. 화석을 살펴보면 캄브리아기 대폭발 이전의 동물들은 동물을 잡아먹은 흔적이 없는 것으로 판단되는데, 이 시기의 동물들은 초식을 했

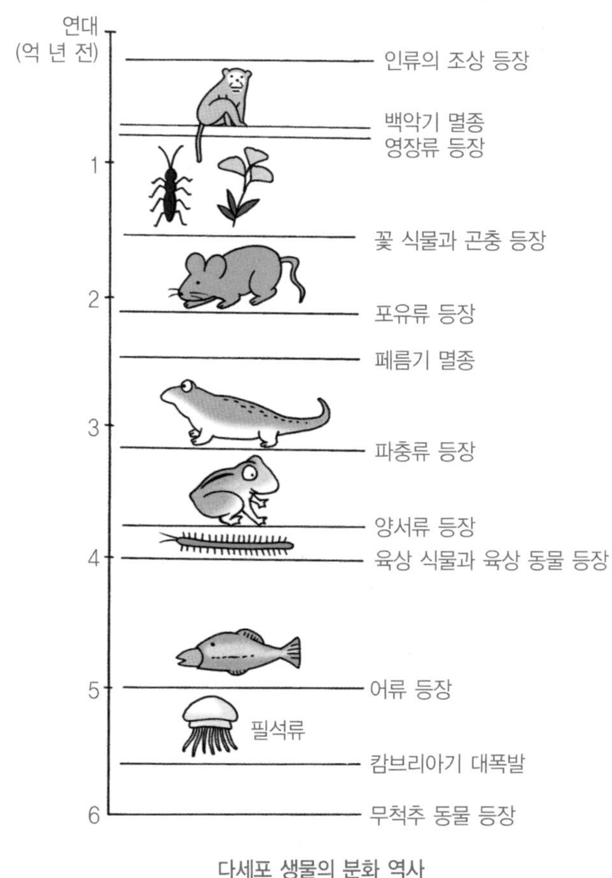

다세포 생물의 분화 역사

과학자의 비밀노트

캄브리아기 대폭발

5억 4천 2백만 년 전에 발생한 것으로 추정되는 지질학적 대사건으로, 다양한 종류의 동물 화석이 갑작스럽게 출현한 현상을 일컫는다. 18~19세기의 지질학자들은 현재 캄브리아기 지층이라고 불리는 지층의 최하단부에서 갑작스럽게 화석의 종류가 폭발적으로 증가한다는 사실을 알아냈다. 생물의 진화설을 주장한 다윈(Charles Darwin, 1809~1882)에게 있어 그 이전의 선조 형태가 보이지 않은 상태에서 많은 동물들의 화석이 일시에 출현하는 이와 같은 현상은 참으로 설명하기 어려운 상황이었으므로, 실제 다윈은 '종의 기원'의 상당한 부분을 이 문제를 설명하는 데 할애하기도 했다. 그러나 또 다른 몇몇 과학자들은 그 당시 폭발적으로 나타났던 동물군들이 현재 살아 있는 동물들과 동일하지 않다는 점을 주장했다. 굴드(Stephen Gould, 1941~2002)는 이와 같은 현상을 집대성하여 '진화란 거의 정체에 가까운 긴 휴지기들 사이에 짧은 기간의 급격한 변화가 끼어드는 것'이라는 '단속 평형 이론'을 펼치기도 하였다.

을 것으로 생각됩니다. 반면에 화석을 통해 살펴본 결과에 따르면 캄브리아기 대폭발 이후에 나타난 동물들은 다른 동물을 잡아먹는 육식 동물이었을 것이라는 추정을 할 수 있어요. 육식 동물의 신체적 특징으로는 어떤 것이 있을까요?

＿ 단단하고 날카로운 이빨 같은 것이 있어요.

맞습니다. 캄브리아기 대폭발 이후에 나타난 동물들의 화석을 보면, 사냥에 적합한 날카로운 발톱을 가지고 있어요.

이 날카로운 발톱은 사냥을 위해서만이 아니라 다른 포식자들로부터 몸을 피하고 보호하기 위한 방어의 수단으로도 사용했을 것으로 추정되고 있어요. 그 이유는 포식자들의 화석에서 다른 포식자들로부터 몸을 보호하기 위한 날카로운 가시와 두툼한 갑옷을 가진 피식자의 특징을 발견할 수 있었기 때문이지요.

많은 과학자들이 다세포 생물체의 출현을 밝혀내기 위한 연구를 계속하고 있어요. 그런데 화석에 나타난 DNA를 추출하여 조사를 하던 중 캄브리아기 대폭발 이전부터 현존하는 생물체들이 존재했을 것이라는 가설이 나왔습니다. 만약, 이것이 사실이라면 우리는 캄브리아기 대폭발 시기에 나타난 화석들의 연대를 다시 측정해 봐야 할 것 같습니다. 왜냐하면 현존하는 많은 '문'의 생물들이 캄브리아기 대폭발 시기에 나타났다고 생각하고 그렇게 믿어 왔으니까요. 캄브리아기 대폭발 이전에 현존하는 생물들이 살고 있었다면, 과학자들은 거짓말쟁이였을까요?

＿＿캄브리아기 이후에 현존하는 생물이 나타난 것으로 알고 있었는데, 일부 신빙성 있는 과학자들이 실험을 통해 아니라고 한다면, 그 이전 과학자들의 주장에 대한 믿음이 사라질 것 같긴 해요.

음, 잘 생각해 봅시다. 만약 캄브리아기 대폭발 이전에 현존하는 생물이 살고 있었다고 하더라도, 캄브리아기 대폭발 이전에 현존하는 생물이 살고 있지 않다고 주장해 오던 과학자들이 거짓말쟁이는 아니지요. 왜냐하면, 그 당시 사용 가능한 과학 기술로는 그렇게 결론을 내릴 수밖에 없었을 테니까요.

즉, 지금 캄브리아기 대폭발 이전에 현존하는 생물들이 살고 있었음을 증명하는 실험 결과가 나온다 하더라도, 미래에 과학 기술이 더 발달되어 또 새로운 사실들이 밝혀지게 되면 현재의 가설이 번복되면서 또 다른 새로운 가설들이 나올 수가 있다는 것이죠.

지금 우리가 알고 있는 과학 지식들은 절대 불변의 진리가 아니랍니다. 미래에 새로운 과학 기술을 통해 현재 받아들이고 있는 과학 지식들과는 다른 내용의 과학 지식들이 밝혀진다면, 우리는 새롭게 밝혀진 과학 지식을 다시 공부해야 하며, 자연 현상을 다른 패러다임에 기초해서 설명하면 되는 거예요. 이것이 바로 과학 지식의 특성이지요.

여러분 중에도 나중에 새로운 과학 지식을 만들어 내는 일을 하는 과학자가 나타나게 될 겁니다. 혹시 알아요? 여러분도 나처럼 그럴듯한 좋은 가설을 만든 다음, 자료를 수집하고, 검증해서 호기심도 많고 과학을 좋아하는 학생들 앞에서 열정적인 수업을 하게 되는지 말이죠. 여러분의 눈부신 성장과 발전, 그리고 과학에 대한 끊임없는 관심과 주의를 기대합니다. 이렇게 훌륭한 과학자로 손꼽히는 나의 수업을 들은 여러분은 꼭 그렇게 될 거라고 봅니다. 아, 내 자랑이 너무 심했나요?

내가 오늘 수업 시간에 최초 생물들의 출현 이야기를 계속하면서, 그런 추측들이 화석을 통해 가능하다고 했었죠? 어떻게 화석을 통해 그 생물체가 나타난 시대를 알아낼 수 있냐고 묻고 싶다면, 바로 화석들의 연대를 측정하는 방사성 동위 원소 연대 측정법을 활용해서 가능해졌다고 답을 해 주겠습니다. 여기에 대한 자세한 이야기는 마지막 수업 시간에 하기로 합시다. 오늘은 화석 조사를 위한 지질 답사를 가는 꿈을 꾸게 되지 않을까 싶습니다.

만화로 본문 읽기

선생님, 원핵생물이 생겨난 후엔 어떻게 되었나요? 아직도 동물과는 너무 거리가 먼걸요.
그래요. 원핵 세포의 등장 이후에도 17억 년이 흘러서야 진핵 세포가 등장했으니까요.

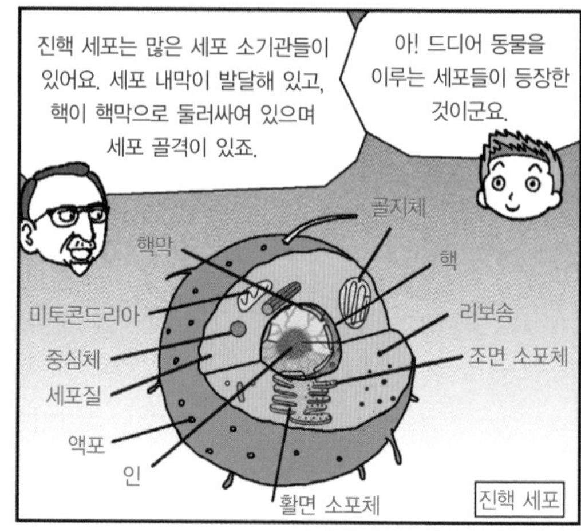
진핵 세포는 많은 세포 소기관들이 있어요. 세포 내막이 발달해 있고, 핵이 핵막으로 둘러싸여 있으며 세포 골격이 있죠.
아! 드디어 동물을 이루는 세포들이 등장한 것이군요.
골지체
핵막
핵
미토콘드리아
리보솜
중심체
조면 소포체
세포질
액포
인
활면 소포체
진핵 세포

어떻게 원핵 세포가 진핵생물로 진화되었죠?
세포 내 공생설은 원핵 세포였던 미토콘드리아와 엽록체의 조상이 한 세포에 들어가 서로 공생 관계를 유지하다 하나의 세포 형태로 고착되었다는 가설이고,
나 여기 살아도 돼?
엽록체의 조상
염색체
미토콘드리아의 조상

막진화설은 진핵 세포의 막 기관들이 원핵 세포의 원형질막 안으로 함입되어 생겨났고 여기서 형성된 소포체로부터 골지체와 다른 내막 구조가 진화되었다는 것입니다.
A 세포
B 세포
AB 세포 공생체

첫 진핵 세포의 출현 후 다양한 단세포 진핵생물들이 나타나게 되었지요. 과학자들은 화석 기록으로 보아 다세포 진핵생물은 12억 년 전에 출현한 것으로 추정하고 있답니다.
다세포 진핵생물은 12억 년 전에 출현했군.
조류 화석

그리고 7억 5천만 년 전부터 5억 8천만 년 전까지의 빙하 시대를 거쳐 3천만 년 후에는 다양한 다세포 생물들이 출현했답니다.
다세포 생물의 출현까지 정말 오래 걸렸군요.

8

방사성 동위 원소 연대 측정법

방사성 동위 원소 연대 측정법에 대해서 알아보고,
화석을 통한 연대 측정 방법을 알아봅시다.

방사성 동위 원소 연대 측정법

교. 중등 과학 3   1. 생식과 발생
과. 고등 과학 1   3. 생명의 진화
연. 고등 화학 Ⅰ   3. 생명의 진화
　 고등 생물 Ⅰ   1. 생명 현상의 특성
계. 고등 생물 Ⅱ   2. 물질 대사

오파린은 지층과 화석에 대한 이야기로
마지막 수업을 시작했다.

　우리는 지난 시간에 진핵생물과 다세포 생물이 어떤 과정을 통해 출현하게 되었는지를 공부했어요. 여러분은 나, 오~파린과 함께 공부하는 똑똑한 학생들이니까 당연히 잘 기억을 하고 있으리라 생각을 합니다. 지난 시간에 그와 같은 종류의 생물들이 출현했다는 것을 무엇을 통해 알 수 있다고 했지요?

　＿ 화석이요.

　그래요, 화석을 통해서 안다고 했죠. 이번 시간에는 바로 이 화석을 통해서 어떻게 생물의 출현 시기를 알 수 있는지에

지층의 단면

대해 설명을 하겠습니다. 지층이 쌓인 순서를 탐구해 보면 어떤 것이 먼저 쌓인 지층인지를 구별할 수 있습니다.

또한, 지층에 포함된 화석은 지층이 만들어진 시기에 살았던 생물의 종이었을 것이라 추정할 수 있죠. 그렇다면 지층이 만들어진 시기는 어떻게 알아낼 수 있을까요? 그 시기를 밝혀내는 것은 해당 지층에 포함되어 있는 화석이 살았던 시대를 알아내는 것과 같아요.

하지만 지층이 각각 '나는 5천만 년 전에 생겨난 지층이에요', '나는 5억 년 전에 생겨난 지층이에요' 라고 말을 하는 것도 아닌데, 어떻게 과학자와 지질학자들은 지층의 생성 연대를 확인하고, 생물의 출현 시기를 알아낼 수 있는 걸까요?

그것은 바로 방사성 동위 원소 연대 측정법이라는 방법을 사용하여 알아낸 것들입니다.

동위 원소

'동위 원소'에 대해서 들어본 적이 있나요? 생물에서 생명체를 구성하는 가장 기본적인 단위는 '세포'로 알고 있지요? 마찬가지로 화학자들은 생물 이외의 다른 물질들을 연구하다가 물질을 구성하는 가장 기본적인 단위가 '원소'라는 것을 알아냈습니다.

우리가 숨을 쉬는 공기 중에 포함되어 있는 산소, 질소 등이 원소의 예들이지요. 원소는 더 이상 쪼개질 수 없는 가장 작은 단위라고 해요. 하나의 원소는 하나의 성분으로만 구성되어 있고, 각자 고유의 물질의 특징을 나타냅니다.

원소는 고유의 질량수를 가지고 있습니다. 원소의 질량수는 원소가 가지고 있는 양성자 수와 중성자 수의 합과 같은데, 같은 원소는 모두 같은 수의 양성자를 가지고 있어요.

예를 들면, 탄소는 주기율표상에서 6번이에요. 탄소가 가지고 있는 양성자의 수는 6개인데, 만약에 탄소의 양성자 수

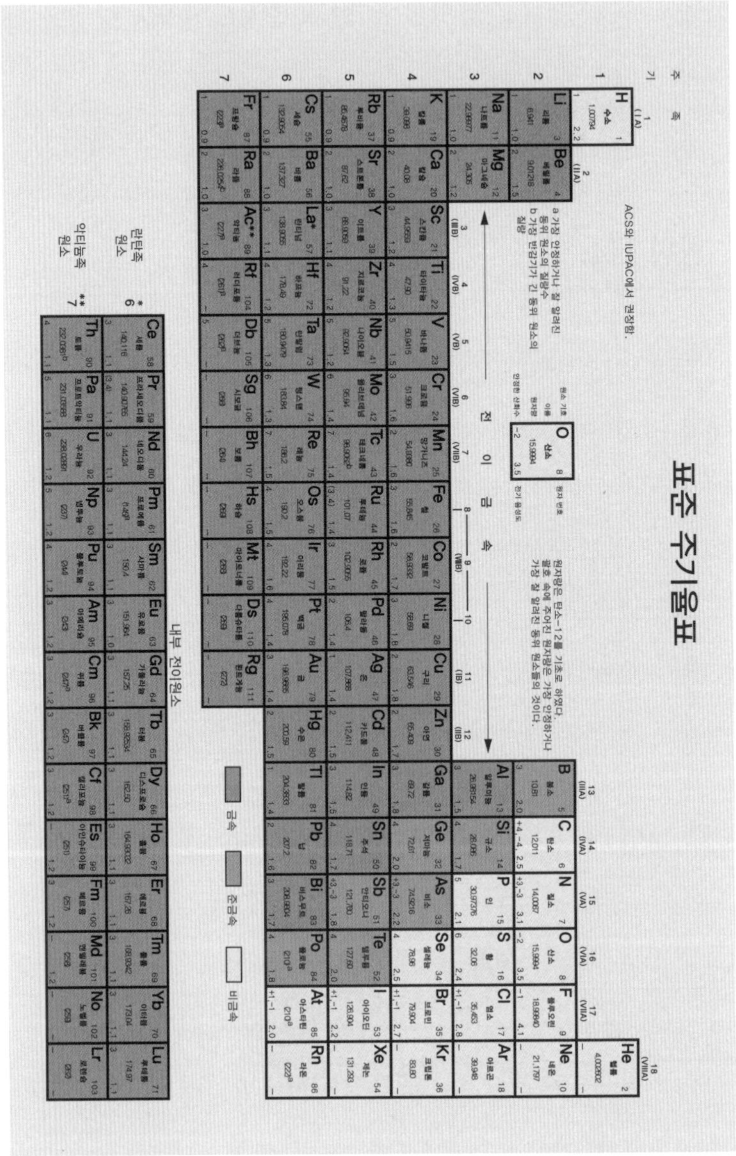

표준 주기율표

ACS와 IUPAC에서 권장함.

주 족 / 기

원소 기호 → **O** 8 ← 원자 번호
이름: 산소
원자량: 15.9994
안정한 산화수: -2   3.5 ← 전기 음성도

a 가장 안정하거나 잘 알려진 동위 원소의 질량수
b 가장 반감기가 긴 동위 원소의 질량

원자량은 탄소-12를 기초로 하였다. 괄호 속에 주어진 원자량은 가장 안정하거나 가장 잘 알려진 동위 원소들의 것이다.

전 이 금 속

기	1 (ⅠA)	2 (ⅡA)	3 (ⅢB)	4 (ⅣB)	5 (ⅤB)	6 (ⅥB)	7 (ⅦB)	8	9 (ⅧB)	10	11 (ⅠB)	12 (ⅡB)	13 (ⅢA)	14 (ⅣA)	15 (ⅤA)	16 (ⅥA)	17 (ⅦA)	18 (ⅧA)
1	H 1 수소 1.00794 2.2																	He 2 헬륨 4.002602
2	Li 3 리튬 6.941 1.0	Be 4 베릴륨 9.01218 1.5											B 5 붕소 10.81 2.0	C 6 탄소 12.011 +4,-4,2.5	N 7 질소 14.0067 +3,-3 3.1	O 8 산소 15.9994 -2 3.5	F 9 플루오린 18.99840 -1 4.1	Ne 10 네온 21.1797
3	Na 11 나트륨 22.98977	Mg 12 마그네슘 24.305											Al 13 알루미늄 26.98154 1.5	Si 14 규소 28.086 1.7	P 15 인 30.97376 2.1	S 16 황 32.06 2.4	Cl 17 염소 35.453 +1,-1 2.8	Ar 18 아르곤 39.948
4	K 19 칼륨 39.098 0.9	Ca 20 칼슘 40.08 1.0	Sc 21 스칸듐 44.9559 1.1	Ti 22 타이타늄 47.90 1.3	V 23 바나듐 50.9415 1.4	Cr 24 크로뮴 51.996 1.5	Mn 25 망가니즈 54.9380 1.6	Fe 26 철 55.845 1.7	Co 27 코발트 58.9332 1.7	Ni 28 니켈 58.69 1.8	Cu 29 구리 63.546 1.8	Zn 30 아연 65.409 1.5	Ga 31 갈륨 69.72 1.8	Ge 32 저마늄 72.61 2.0	As 33 비소 74.9216 +3,-3 2.1	Se 34 셀레늄 78.96 2.5	Br 35 브로민 79.904 +1,-1 2.8	Kr 36 크립톤 83.80
5	Rb 37 루비듐 85.4678 0.9	Sr 38 스트론튬 87.62 1.0	Y 39 이트륨 88.9059 1.1	Zr 40 지르코늄 91.22 1.2	Nb 41 나이오븀 92.9064 1.2	Mo 42 몰리브데넘 95.94 1.4	Tc 43 테크네튬 98.9062b (3,4) 1.4	Ru 44 루테늄 101.07 1.4	Rh 45 로듐 102.9055 1.4	Pd 46 팔라듐 106.4 1.4	Ag 47 은 107.868 1.4	Cd 48 카드뮴 112.411 1.5	In 49 인듐 114.82 1.5	Sn 50 주석 118.71 1.7	Sb 51 안티모니 121.760 +3,-3 1.8	Te 52 텔루륨 127.60 2.0	I 53 아이오딘 126.904 +1,-1 2.2	Xe 54 제논 131.293
6	Cs 55 세슘 132.9054	Ba 56 바륨 137.327	La* 57 란타넘 138.9055 1.0	Hf 72 하프늄 178.49 1.2	Ta 73 탄탈럼 180.9479 1.3	W 74 텅스텐 183.84 1.4	Re 75 레늄 186.2 1.5	Os 76 오스뮴 190.2 1.5	Ir 77 이리듐 192.22 1.6	Pt 78 백금 195.078 1.4	Au 79 금 196.9665 1.4	Hg 80 수은 200.59 1.5	Tl 81 탈륨 204.3833 1.4	Pb 82 납 207.2 1.6	Bi 83 비스무트 208.9804 1.7	Po 84 폴로늄 210a 2.0	At 85 아스타틴 210a +1,-1 2.2	Rn 86 라돈 222a
7	Fr 87 프랑슘 223a 0.9	Ra 88 라듐 226.0254b 1.0	Ac** 89 악티늄 227b 1.0	Rf 104 러더포듐 261a	Db 105 더브늄 262a	Sg 106 시보귬 266	Bh 107 보륨 264	Hs 108 하슘 269	Mt 109 마이트너륨 268	Ds 110 다름슈타튬 269	Rg 111 뢴트게늄 272							

금속   준금속   비금속

내부 전이원소

란탄족 원소 *6

Ce 58	Pr 59	Nd 60	Pm 61	Sm 62	Eu 63	Gd 64	Tb 65	Dy 66	Ho 67	Er 68	Tm 69	Yb 70	Lu 71
세륨 140.116 1.1	프라세오디뮴 140.90765 (3,4) 1.1	네오디뮴 144.24 1.1	프로메튬 145a 1.2	사마륨 150.4 1.2	유로퓸 151.964 1.1	가돌리늄 157.25 1.1	터븀 158.92534 1.2	디스프로슘 162.50 1.2	홀뮴 164.93032 1.2	에르븀 167.26 1.2	툴륨 168.9342 1.2	이터븀 173.04 1.1	루테튬 174.97 1.3

악티늄족 원소 **7

Th 90	Pa 91	U 92	Np 93	Pu 94	Am 95	Cm 96	Bk 97	Cf 98	Es 99	Fm 100	Md 101	No 102	Lr 103
토륨 232.0381b 1.1	프로트악티늄 231.03588 1.1	우라늄 238.02891 1.2	넵투늄 237 1.2	플루토늄 244 1.2	아메리슘 243 1.2	퀴륨 247a 1.2	버클륨 247 1.2	캘리포늄 251a 1.2	아인슈타이늄 251 1.2	페르뮴 257 1.2	멘델레븀 256 1.2	노벨륨 259 1.2	로렌슘 262

대한 화학회 2008년 기준

가 7개가 되면, 이 원소는 더 이상 탄소라 부르지 않고 질소라고 부릅니다.

그런데 동일한 원소인데도 그 물질의 특성이 달라질 수 있는 경우가 있어요. 바로 중성자의 수가 차이 나는 두 물질이랍니다. 중성자 수가 달라지면, 두 원소는 질량수가 달라지겠죠? 양성자와 중성자의 합이 원소의 질량수이니까요. 둘 중 한 원소는 중성자를 더 많이 가지고 있어 더 큰 질량수를 가진 물질이 된답니다.

이렇듯 양성자의 수는 같고, 중성자의 수가 다른 것을 바로 '동위 원소' 라고 합니다. 우리 주변에는 많은 동위 원소들이

탄소의 동위 원소

존재해요. 탄소의 질량수는 '12'이지만 자연 상태에서 질량수가 13인 탄소와 14인 탄소가 모두 존재하고 있어요.

하지만 자연 상태에서 존재하는 탄소 중 98.9%를 차지하는 대부분의 탄소는 질량수가 12인 '탄소-12'랍니다. 나머지의 약 1%가 탄소-13인 경우이며, 탄소-14는 극소량만 존재하지요. 그런데 일반적으로 탄소의 질량수를 말할 때는 12라고만 한답니다. 왜냐하면 동위 원소를 포함한 모든 탄소의 평균 질량이 12이기 때문입니다.

방사성 동위 원소

그럼 동위 원소를 이용하여 어떻게 화석의 나이를 측정할 수 있을까요? 먼저 '방사성 동위 원소'가 무엇인지 알 필요가 있어요.

앞에서 말했듯이 탄소의 동위 원소로는 탄소-12, 탄소-13 그리고 탄소-14가 있어요. 탄소-12와 탄소-13은 자연 상태에서 안정하게 존재합니다. 핵이 입자를 잃어버리려는 경향이 없어 어떤 에너지에 의해 억지로 바뀌지만 않는다면 자연 상태에서 탄소는 탄소-12와 탄소-13으로 존재하지요.

원자력 발전소

　하지만 탄소-14는 이와 달리 불안한 상태로 존재하는 원소랍니다. 탄소-14는 불안정하여 입자를 잃어버리기가 쉽고 그 과정에서 방사능 물질이 나오지요.

　'방사능'이란 말은 오히려 많이 들어봤을 거예요. '방사능 물질'은 현재 인간의 문명 생활에 필수적인 전기 에너지를 생산하는 원자력 발전을 위한 주재료로 쓰이고 있어 여러분에게는 친숙할 것 같네요.

　방사성 동위 원소라는 것은 핵이 자연적으로 붕괴하여 입자와 에너지를 방출하는 원소를 일컬어요. 그런데 핵이 붕괴되어 양성자를 잃어버리게 되면 그 양성자를 잃어버린 원소는 양성자를 잃어버리기 전의 원소와 같은 이름으로 불릴 수 있을까요?

　　＿ 아니요. 양성자의 수가 다르면 다른 원소가 된다고 하셨잖아요.

　　맞아요. 양성자의 수가 다른 물질은 다른 원소라고 했습니다. 양성자의 수가 원소의 종류를 결정한다고 했죠. 따라서 방사성 동위 원소가 붕괴되어 양성자의 수가 달라지면, 이러한 반응이 생겨난 후의 원소는 이미 다른 원소가 된답니다. 예를 들어, 탄소가 붕괴되면 양성자 수에 변화가 일어나서 질소로 변하게 되지요.

방사성 동위 원소 연대 측정법

　　자, 이제 우리 본격적으로 화석의 연대를 측정해 보도록 해요. 화석의 연대를 측정하는 방법은 다양한 것들이 있을 수 있지만, 오늘 우리가 배울 방법은 바로 '방사성 동위 원소 연대 측정법' 이에요. 앞에서 말했듯이 암석층에 대한 정보만으로는 거기서 발견된 화석들이 만들어진 순서는 알 수 있지만, 해당 화석이 생성된 정확한 연대는 알 수가 없습니다. 오늘 배운 '방사성 동위 원소' 의 개념을 토대로 이제 화석의 연대를 측정하는 방법을 알아보겠습니다.

　방사성 동위 원소 연대 측정법은 방사성 동위 원소에 근거를 둔 것으로, 방사성 동위 원소가 일정한 속도로 붕괴된다는 사실을 이용한 것이랍니다. 방사성 동위 원소의 원자핵 절반이 붕괴되어 처음 양의 50%만이 남을 때까지 걸리는 시간을 그 원소의 반감기라고 합니다. 달리 말하면 동위 원소 중 50%가 붕괴하는 데까지 걸리는 시간이라고 볼 수도 있겠죠.

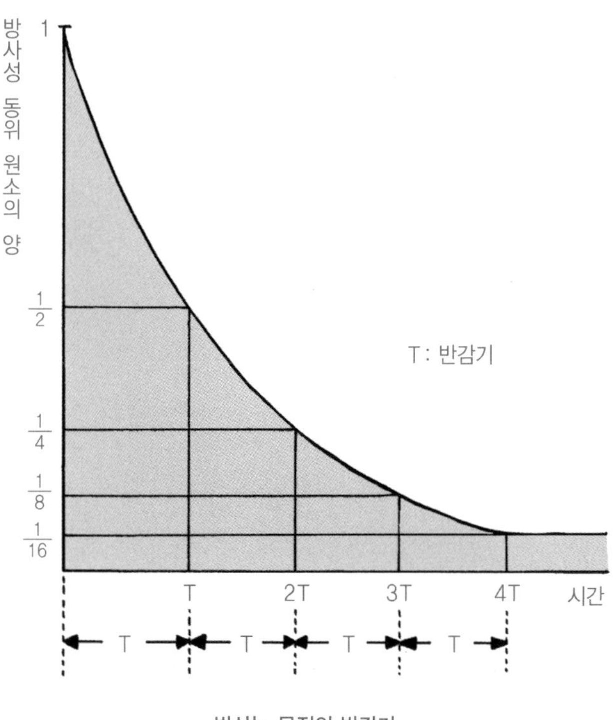

방사능 물질의 반감기

원소마다 반감기는 다릅니다. 예를 들면, 탄소-14는 반감기가 5,730년이고, 우라늄-238은 반감기가 45억 년이에요. 탄소-14의 반감기도 긴 것 같긴 한데, 우라늄-238은 정말 어마어마하게 길죠?

발굴된 화석은 생물의 형태를 나타내 줄 뿐만이 아니라, 살아 있을 때 체내에 축적되어 있던 동위 원소도 그대로 가지고 있어요. 살아 있을 때는 체내에 탄소-14와 탄소-12가 존재하지만 죽으면 탄소-12의 양은 변하지 않고 그대로 남아 있지요. 탄소-12는 안정된 원소인 반면, 탄소-14는 불안정하기 때문이에요. 불안정한 탄소-14의 양은 시간이 지남에 따라 줄어들게 됩니다. 따라서 탄소-12와 탄소-14의 비율을 측정하여 그 화석이 얼마나 오래된 화석인지 알 수 있지요.

약 7만 5천년 전에 생성된 화석들은 이 방법으로 연대 측정이 가능하다고 합니다. 왜냐하면 더 오래된 화석에는 탄소-14의 양이 너무 적어서 현재의 과학 기술로도 측정하기가 힘들기 때문이에요. 앞으로 과학 기술이 더 발달하게 된다면 더 오래된 화석의 생성 연대 측정도 가능해질 거예요. 여러분들이 더 오래된 화석에서도 탄소-14를 이용하여 연대를 측정하는 방법을 개발해 보는 것은 어떨까요?

그렇다면 7만 5천년보다 더 오래된 화석의 연대는 어떻게 측정할까요? 그렇게 오래된 화석의 연대를 측정하는 것은 탄소-14보다 더 긴 반감기를 가진 동위 원소를 이용하면 돼요.

＿그럼 반감기가 훨씬 더 긴 우라늄-238을 이용해서 연대 측정을 하면 되겠는데요?

네, 좋은 생각이에요. 하지만 우라늄-238을 이용해서 연대 측정을 하는 것은 어렵답니다. 왜냐하면 우라늄-238은 탄소-14와 같이 생물체 내에서 발견하기 쉬운 원소가 아니기 때문이지요.

한편, 지층에 포함된 우라늄-238의 반감기를 측정하는 것은 어떨까란 생각도 해볼 수 있을 거예요. 하지만 일반적으

과학자의 비밀노트

우라늄(Uranium)

자연계에 존재하는 원소 중 가장 무거운 원소이다. 화학 원소로서 우라늄은 원자량은 238, 원자 번호는 92, 원소 기호 U로 쓰는 은회색의 방사성 금속 원소이다. 프랑스의 베크렐(Antoine Becquerel, 1852~1908)은 최초로 우라늄 화합물이 검은색 종이를 통과해서 사진 건판을 감광시키는 현상을 통해 우라늄의 방사능을 발견하였다. 우라늄의 폭발적 에너지는 전기 에너지를 얻기 위한 에너지원으로 원자력 발전소에서 사용되고 있다. 야구공 하나만 한 크기의 우라늄에서 나오는 에너지는 그의 300만 배에 해당하는 석탄에서 나오는 것보다 더 크다. 우라늄의 엄청난 폭발력을 이용하여 핵무기 제조의 원료로 사용하기도 한다.

로 지층을 구성하는 퇴적암들이 하나의 연대에서만 존재했던 퇴적물로 이루어진 것이 아니기 때문에 보통은 오래된 화석의 연대를 지층을 통해 직접 측정하는 것은 합리적이지가 않습니다. 그러나 두 지층의 사이에 끼어 있는 화석의 경우는 가운데 부분에 끼어 있는 지층의 연대를 추정함으로써 생성 연대를 알아낼 수 있지요.

예를 들면 반감기가 13억 년인 방사성 동위 원소 칼륨-40의 양을 측정하여 위층의 지층 연대가 약 5억 2천 5백만 년 전 것이고, 아래층의 지층 연대가 약 5억 3천 5백만 년 전 것이라는 것을 알게 된다면 가운데에 끼어 있는 지층의 연대는 약 5억 3천만 년 전쯤에 생성된 지층이라고 유추할 수 있는 것이지요. 그래서 그 화석의 생성 연대를 알아낼 수가 있는 것입니다.

이제 화석을 통해 발견한 생물체들의 생성 연대를 어떻게 알아낼 수 있는지 이해가 되나요?

여러분, 아쉽게도 이 수업이 나와의 마지막 수업이 되었네요. 여러분과 수업을 하는 동안은 내가 관심을 가지고 만들었던 가설 등을 소개하느라 시간가는 줄 몰랐어요. 사실 생명의 기원이라고 하면 많은 사람들은 탐구하기가 참 어렵다고 이야기를 해요.

하지만 이제 여러분은 그 어떤 사람보다도 생명의 기원에 대해 더 많은 것들을 알게 된 사람들이랍니다. 다른 사람들에게 여러분이 수업을 통해 알게 된 생명의 기원에 대해서 잘 설명해 주세요. 그 순간만큼은 바로 여러분이 나, 오~파린과 같은 과학자이자 선생님이 되는 것 아니겠어요?

어쩌면 내가 그동안 여러분에게 설명한 많은 가설들이 나중에는 쓸모없는 과학적인 시도였음으로 판명이 날지도 모르겠지만, 혹시 그렇게 된다고 해도 나를 거짓말쟁이라고 기억하지는 말아 주었으면 합니다. 내가 사는 시대에 사용했던 과학 기술은 미래의 과학 기술과는 많이 다를 수가 있으니까 말이죠. 여러분이 주역이 될 미래 사회에서 통용될 과학 이론들을 열심히 습득하세요. 더불어 생명체인 자신이 어떻게 이 지구상에 생겨나서 살아 숨 쉴 수 있게 되었는지에 대한 호기심도 계속 유지하고 탐구하길 바랍니다. 어느덧 작별의 인사를 나누어야 할 시간이 되었네요. 여러분, 정말 즐거웠습니다.

그런데 방사성 동위 원소는 일정한 속도로 붕괴가 되지요. 그리고 방사성 동위 원소의 원자핵이 붕괴되어 50%만이 남을 때까지 걸리는 시간을 그 원소의 반감기라고 하죠.

원소	반감기
악티늄-217	100분의 1.8초
코발트-60	5.3년
라듐-226	1,602년
탄소-14	5,730년
칼륨-40	13억 년
우라늄-238	45억 년

화학진화설을 주장한 오파린 Aleksandr Ivanovich Oparin, 1894~1980

러시아의 생물학자이자 생화학자인 오파린은 1894년 구소련의 우글리치(Uglich)에서 태어났습니다. 그는 1917년에 모스크바 대학교 식물학과에서 식물생리학을 전공하고, 1929년에는 모교의 교수가 되었습니다.

연구원 시절에는 식물학자 바흐의 영향을 많이 받았는데, 그 당시의 소련 정부는 경제적으로 곤란했음에도 불구하고 바흐를 기념하여 생화학 연구소를 설립했습니다. 그 연구소의 설립을 도왔던 오파린은 생을 마칠 때까지 그 연구소의 소장을 지내기도 했습니다.

오파린은 1936년에 발표한 《지구 상의 생명의 기원》이란 책 초판을 통해 학계의 관심을 받기 시작했습니다. 그 후 생명의 기원에 대한 종속 영양 생물 우선설이 주목을 받게 된 결정적인 계기는 1957년에 16개국 정상들이 모여 모스크바에서 개최한 생명의 기원과 관련한 최초의 국제회의였습니다. 1963년 제2회 회의를 거쳐, 1970년 제3회 프랑스의 퐁타무송 회의에서 그는 새롭게 조직된 국제 생명의 기원에 관한 연구 학회 회장으로 추대되었습니다.

그가 집필한 주요 저서로는 《지구 상의 생명의 기원 3판》(1957), 《생명, 그 본질·기원·발전(Life, Its Nature Origin and Development)》(1961), 그리고 《창세기와 생명의 진화적 발전(Genesis and Evolutionary Development of Life)》(1968) 등이 있습니다.

과 학 연 대 표

언제, 무슨 일이?

과학사
세계사

레디
자연발생설을 부정한 실험 발표
1668
독일, 아헨조약 체결

이탈리아, 통일전쟁 시작

다윈
종의 기원을 저술
자연선택설 주장
1859

파스퇴르
자연발생설 부정 실험 성공
1860
미국, 링컨이 대통령에 당선

소련, 레닌 사망

오파린
화학진화설 발표
1924

소련, 스탈린 사망

밀러
원시 대기 조건에서 아미노산 합성
1953

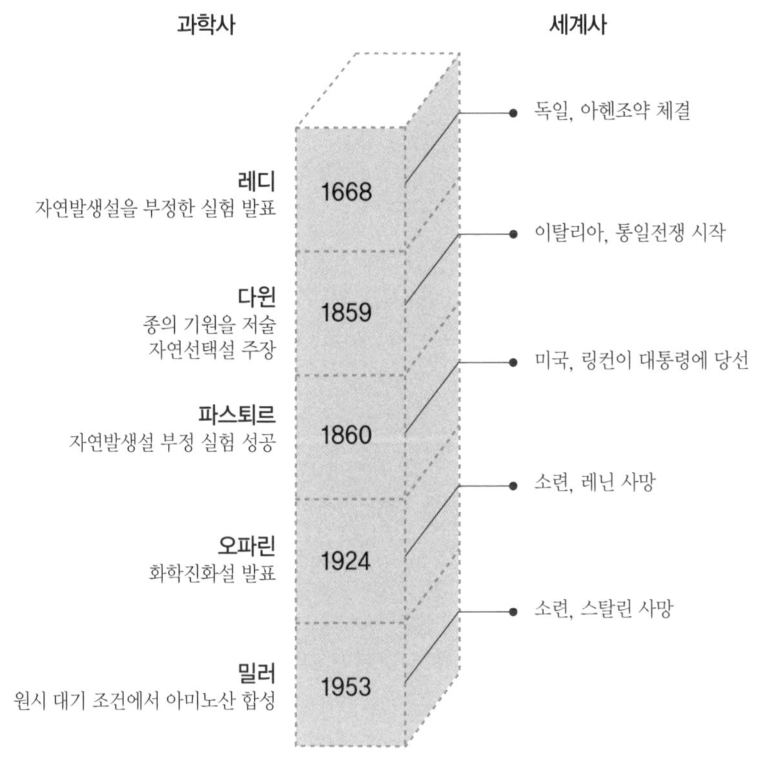

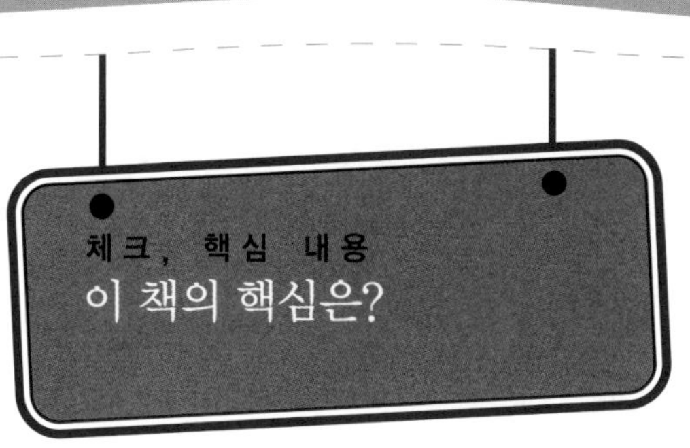

1. 지구 상에 살아 있는 모든 생물들은 어버이 생물로부터 생겨난다는 생각을 □□□□□이라고 합니다.

2. 생물은 무생물에서 우연히 생겨난다는 생각을 □□□□□이라고 합니다.

3. 원시 대기에서 화학 반응 결과 생성된 유기물로부터 생명이 시작되었다는 설명을 □□□□□이라고 합니다.

4. 원시 바닷속에 축적된 유기물들이 뭉쳐서 만들어진 작은 액체 방울과 같은 상태를 □□□□□□□라고 합니다.

5. 모든 생명 현상을 관장하고 있는 단백질을 구성하는 기본 단위를 □□□□이라고 합니다.

6. 오파린은 최초의 원시 생명체는 스스로 유기물을 생산하지 못하고 바다의 풍부한 유기물을 이용해서 산소가 없어도 에너지를 얻을 수 있는 □□ □□ □□이라고 하였습니다.

7. 화석의 연대를 측정하기 위해 □□□ □□ □□가 일정한 속도로 붕괴되는 원리를 이용한 방사성 동위 원소 연대 측정법을 사용합니다.

1. 생물속생설 2. 자연발생설 3. 화학진화설 4. 코아세르베이트 5. 아미노산
6. 종속 영양 생물 7. 방사성 동위 원소

현대 의학에서 활용되는 방사성 동위 원소

생명체가 지구 상에 언제부터 나타났으며 어떤 변화 과정을 거쳤는지 알아보기 위해서는 지층에서 발견되는 화석의 생성 연대를 측정하는 과정이 필수적입니다. 화석의 생성 연대를 측정하기 위해 사용하는 유용한 방법 중 하나가 방사성 동위 원소 연대 측정법입니다. 이 방법은 특정 원소의 원자핵 절반이 자연적으로 붕괴되어 처음 양의 절반만 남을 때까지 걸리는 시간, 즉 원소 고유의 '반감기'를 통해 연대를 측정하는 것입니다.

동위 원소란 알파(α) · 베타(β) · 감마(γ)선을 자발적으로 방출하면서 과량의 에너지를 발산시키는 질량수가 서로 다른 화학 원소들을 말합니다. 자연 상태에 존재하는 동위 원소들도 있을 뿐만 아니라, 원자로나 사이클로트론 등 인간이 발명해 놓은 장치를 써서 인공적으로 만들어 내는 방사성 동위 원소들도 있습니다.

그런데 안타까운 것은 이 방사성 동위 원소를 생산해 내는 원자로가 국내에는 없다는 사실입니다. 거의 전량 수입에 의존하는 의료용 방사성 동위 원소 수급을 위해 우리나라 교육 과학기술부에서도 방사성 동위 원소 생산 전용 원자로를 건설하는 방안을 검토하고 있답니다.

하지만 원자로의 추가 설치에 대한 반대 여론이 강한 데다 지역 선정이 쉽지 않으므로 설치 전망은 어두운 편입니다. 이는 핵무기라든지 원자력 발전소의 방사능 유출 사고와 같은 인류에게 부정적인 영향을 미쳐 왔던 방사성 물질에 대한 우려 섞인 기억들 때문입니다.

잘만 사용하면 인간에게는 없어서는 안 될 최고의 약인데, 자칫 잘못 사용하면 인간 전체에 재앙이 될 수도 있는 이 방사성 동위 원소에 대한 과학적인 이해와 긍정적인 인식이 절실한 시기입니다.

수학자가 들려주는 수학 이야기 (전 88권)

차용욱 외 지음 | (주)자음과모음

국내 최초 아이들 눈높이에 맞춘 88권짜리 이야기 수학 시리즈! 수학자라는 거인의 어깨 위에서 보다 멀리, 보다 넓게 바라보는 수학의 세계!

수학은 모든 과학의 기본 언어이면서도 수학을 마주하면 어렵다는 생각이 들고 복잡한 공식을 보면 머리까지 지끈지끈 아파온다. 사회적으로 수학의 중요성이 점점 강조되고 있는 시점이지만 수학만을 단독으로, 세부적으로 다룬 시리즈는 그동안 없었다. 그러나 사회에 적응하려면 반드시 깨우쳐야만 하는 수학을 좀 더 재미있고 부담 없이 배울 수 있도록 기획된 도서가 바로 〈수학자가 들려주는 수학 이야기〉 시리즈이다.

★ 무조건적인 공식 암기, 단순한 계산은 이제 가라! ★

- 〈수학자가 들려주는 수학이야기〉는 수학자들이 자신들의 수학 이론과, 그에 대한 역사적인 배경, 재미있는 에피소드 등을 전해 준다.
- 교실 안에서뿐만 아니라 교실 밖에서도, 배우고 체험할 수 있는 생활 속 수학을 발견할 수 있다.
- 책 속에서 위대한 수학자들을 직접 만나면서, 수학자와 수학 이론을 좀 더 가깝고 친근하게 느낄 수 있다.